One Health

Penser le lien sols, agriculture, animaux d'élevage, biodiversité, alimentation, santé humaine

Présentation pluridisciplinaire par sinonvirgule

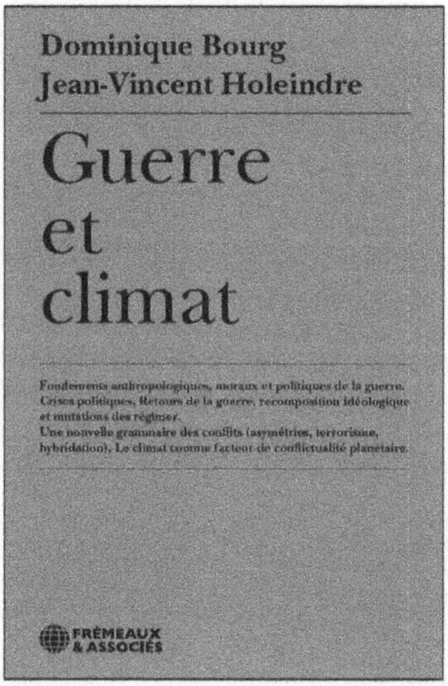

FAL3335 156 PAGES

Ce livre naît d'un constat rigoureux: les effets du changement climatique ne relèvent plus uniquement de la sphère environnementale. Ils reconfigurent en profondeur la grammaire des conflits, en agissant comme facteurs structurels de déstabilisation stratégique. Dominique Bourg et Jean-Vincent Holeindre mettent ici au jour une transformation silencieuse mais décisive: à côté des conflits pour l'accès aux ressources, ce sont des guerres issues de la dynamique même du dérèglement climatique qui émergent. Sécheresses, effondrement de la production agricole, déplacements de population ou vulnérabilité des infrastructures deviennent des enjeux centraux dans la reconfiguration géopolitique globale.
L'intérêt de ce dialogue tient à la confrontation de deux rationalités: celle, critique et éthique, d'une pensée écologique structurée autour des limites planétaires; celle, stratégique, d'un réalisme nourri de l'histoire longue des conflits. Ensemble, ils bâtissent une typologie des nouvelles formes de guerre – asymétrique, hybride, climatique – et interrogent la pertinence de catégories anciennes comme la dissuasion ou la souveraineté dans un monde où l'ennemi peut être la sécheresse, l'emballement thermique ou la désagrégation territoriale.

Patrick Frémeaux et Claude Colombini

sinonvirgule,
Yoan Brazy,
Lucas Deutsch,
Joseph Sournac

One Health

Penser le lien sols, agriculture, animaux d'élevage, biodiversité, alimentation, santé humaine

Présentation pluridisciplinaire par sinonvirgule

FRÉMEAUX & ASSOCIÉS
FORÊTS ET CAMPAGNES D'AVENIR
sinon virgule

Direction des éditions : Patrick Frémeaux
et Claude Colombini Frémeaux
Comité éditorial : Christophe Lointier, Augustin Bondoux,
Lola Caul-Futy Frémeaux.
Couverture : Verger de la renaissance à Joigny
(Verger patrimonial Loi Labbé mitoyen de terres agricoles conventionnelles /
Ceinture « Mosaïque » verte de Forêts et Campagnes d'Avenir)
Collection Frémeaux © Frémeaux & Associés
Contrôle relecture : Stéphanie Acquette et Patrick Frémeaux.
Remerciements des éditeurs : sinonvirgule, Hélène Nogues-Brunet,
Pablo Servigne, Stéphanie Acquette, Marion Laval-Jeantet, Eric Lenoir,
Michel Serres, Edgar Morin, Isabelle Bellet, Nicolas Roesch,
Olivier Barrière, Nadine de Ecologeek.

ISBN : 978-2-38283-350-6
Dépôt légal : janvier 2026

20, rue Robert Giraudineau, 94300 Vincennes, France
www.fremeaux.com

PRÉFACE DE PATRICK FRÉMEAUX[1]

Depuis plusieurs décennies, les grandes institutions internationales – l'Organisation mondiale de la santé (OMS)[2], la FAO[3], le Programme des Nations

---

1. Editeur de sciences humaines et sciences et philosophies de l'écologie chez Frémeaux et chez Frémeaux – PUF avec Dominique Bourg et Claude Colombini. Gérant du Groupement Forestier et Rural de Protection du Vivant « Forêts et Campagnes d'Avenir ».

2. L'Organisation mondiale de la santé (OMS) est une agence spécialisée des Nations Unies, créée en 1948, dont le siège est à Genève. Sa mission est de diriger et coordonner la santé publique internationale, en fixant des normes, en surveillant les épidémies, en appuyant les systèmes de santé et en promouvant l'accès universel aux soins. L'OMS élabore des recommandations scientifiques sur des enjeux majeurs comme les pandémies, la nutrition, la vaccination, ou la santé mentale. Elle joue un rôle central dans la gestion des crises sanitaires mondiales (ex. COVID-19, Ebola) et agit en lien avec les gouvernements, les ONG et d'autres agences onusiennes. Sa devise « la santé pour tous » traduit une ambition globale, bien que son action soit parfois débattue pour des raisons géopolitiques ou de gouvernance.

3. La FAO, Food and Agriculture Organization (Organisation des Nations Unies pour l'alimentation et l'agriculture) est une agence spécialisée de l'ONU, fondée en 1945, dont le siège est à Rome. Sa mission principale est de lutter contre la faim, de promouvoir une agriculture durable, la sécurité alimentaire et la gestion raisonnée des ressources naturelles. La FAO fournit des données, des expertises techniques et un appui aux politiques publiques

unies pour l'environnement (PNUE)[4] et l'Organisation mondiale de la santé animale (OMSA)[5] – ont construit un consensus : il faut penser la santé de manière intégrée. Ce cadre, désigné sous le nom de One Health, ou « une seule santé », vise à articuler santé humaine, santé animale et santé des écosystèmes dans une logique systémique. Il s'agit d'un changement de paradigme profond, qui implique de repenser les politiques

dans les domaines de l'agriculture, de la pêche, des forêts et de la nutrition. Elle joue un rôle clé dans la coordination des efforts internationaux face aux crises alimentaires, au changement climatique et à la perte de biodiversité. Elle est également un acteur central dans le programme One Health, en lien avec l'OMS et l'OIE.

4. Le PNUE (Programme des Nations Unies pour l'environnement) est une agence de l'ONU créée en 1972 à la suite de la Conférence de Stockholm sur l'environnement humain. Son siège est à Nairobi, au Kenya. Le PNUE a pour mission de coordonner les actions internationales en faveur de l'environnement, de promouvoir le développement durable, et d'appuyer les États dans l'élaboration de politiques écologiques efficaces. Il joue un rôle central dans la lutte contre le changement climatique, la pollution, la perte de biodiversité et la dégradation des écosystèmes. Le PNUE publie régulièrement des rapports de référence (comme le Global Environment Outlook) et travaille en lien étroit avec d'autres agences onusiennes, dans des initiatives telles que One Health.

5. L'OMSA (Organisation mondiale de la santé animale), anciennement appelée OIE (Office international des épizooties), est une organisation intergouvernementale fondée en 1924 et basée à Paris. Elle a pour mission de promouvoir la santé animale dans le monde, en surveillant les maladies animales, y compris les zoonoses (maladies transmissibles à l'humain), et en établissant des normes sanitaires internationales. L'OMSA joue un rôle clé dans la prévention des pandémies, la sécurité sanitaire des échanges agricoles, et la promotion du bien-être animal.

publiques, les pratiques agricoles et alimentaires, et les systèmes de soins, en prenant en compte les interdépendances biologiques à l'échelle des territoires.

En 2022, ces quatre organisations ont publié un plan d'action commun pour 2022–2026 qui constitue une étape structurante dans cette direction. Ce texte appelle notamment à intégrer l'environnement et les causes écologiques des déséquilibres sanitaires dans les stratégies publiques. Pourtant, à y regarder de près, un élément central reste souvent absent de ces discours comme de leurs déclinaisons nationales : la santé des sols[6]. Cette omission est d'autant plus problématique que le sol constitue le socle vivant des écosystèmes terrestres, le support de la production alimentaire et l'un des principaux réservoirs de biodiversité et de régulation hydrologique. De la qualité biologique, chimique et physique des sols dépendent la fertilité des cultures, la qualité nutritionnelle des aliments, mais aussi la santé microbienne de l'ensemble du vivant.[7]

6. En 2022, l'OMS, la FAO, l'OMSA et le PNUE publient une définition consensuelle dans le cadre du One Health Joint Plan of Action (2022–2026) : « One Health est une approche intégrée et unificatrice qui vise à équilibrer et optimiser durablement la santé des personnes, des animaux et des écosystèmes. Elle reconnaît l'interdépendance de la santé humaine, animale, végétale et environnementale. » La santé des sols n'est donc pas absente du One Health, mais elle n'est pas décrite comme structurante.

7. FAL3305 À sortir en 2026 : ITAB ; Lacarce E., Sautereau N. *Sols & alimentation*.
Cet ouvrage présente la synthèse des impacts entre l'Agriculture Biologique et l'Agriculture Conventionnelle sur les sols, rédigée par Eva Lacarce, agronome et pédologue, et Natacha Sautereau,

En France, ce décalage entre les ambitions internationales et leur application concrète est particulièrement visible. Le projet de récente loi Duplomb, qui prétend réconcilier alimentation et santé, en est un exemple frappant. En refusant d'intégrer les dimensions agricoles et écologiques dans la réflexion sur les enjeux sanitaires, elle contribue à maintenir une séparation artificielle entre les systèmes de production et les politiques de santé publique. Ce type d'approche revient à traiter les symptômes sans interroger les causes structurelles. En occultant les dynamiques du sol, les cycles de l'eau, l'impact des pratiques agricoles sur les écosystèmes, ces politiques risquent d'entretenir les équilibres qu'elles prétendent corriger.

C'est dans ce contexte que naît le présent ouvrage, qui s'inscrit dans la continuité des synthèses publiées par l'Institut technique de l'agriculture et de

---

FAL3305

agronome et coordinatrice du pôle Durabilité et Transition de l'ITAB. Il s'appuie sur une analyse approfondie de 230 références bibliographiques et a bénéficié de l'expertise de Joséphine Peigné (ISARA), Marie Benoit (ISARA) et Christian Mougin (INRAE). Il aborde les dimensions biologique, physique et chimique de la qualité des sols, en intégrant les travaux récents portant sur la notion de santé globale du sol. Organisé de manière à faciliter l'accès aux données et concepts mobilisés, il comprend également 250 explications techniques. Il constitue à ce titre un outil de référence pour les chercheurs, les experts, les enseignants, ainsi que pour les acteurs impliqués dans l'évaluation des impacts environnementaux des systèmes agricoles.

l'alimentation biologiques (ITAB) sur les liens entre agriculture et santé d'une part, agriculture et biodiversité d'autre part. Le premier volume, intitulé *Santé et agriculture(s)*, coordonné par Natacha Sautereau, proposait une analyse comparative de l'agriculture biologique et de l'agriculture conventionnelle au regard de leurs impacts sanitaires, à partir de 290 références scientifiques. Le second, *Biodiversité et agriculture(s)*, dirigé par Bastien Dallaporta et Natacha Sautereau, synthétise les connaissances disponibles sur les effets des pratiques agricoles sur la biodiversité, en mobilisant notamment les travaux de chercheurs de référence dans ce champ. Ces deux ouvrages ont permis de poser les fondements d'une évaluation rigoureuse des externalités agricoles, tant en matière de santé que d'écologie.[8]

Le livre suivant reproduit le travail remarquable de pédagogie mené par le collectif Sinonvirgule[9], qui a su rendre accessibles à un large public les enjeux

8. FAL3265 FAL3275

FAL326

FAL3275

9. Sinonvirgule est un bureau d'études et de conseil en redirection écologique qui a pour objet de tenter de dessiner des sociétés plus compatibles avec les limites planétaires.

complexes de l'approche One Health. Grâce à leurs outils de médiation, leurs analyses, recours à de nombreux exemples et leur exigence de clarté, le concept de santé unifiée devient mobilisable dans les espaces de débat citoyen, professionnel ou institutionnel. Il ne s'agit plus seulement d'une notion réservée aux chercheurs, mais d'un cadre d'action possible pour repenser les politiques publiques et les pratiques de terrain.

Penser One Health, c'est déjà admettre que la connaissance cloisonnée a atteint ses limites. C'est reconnaître que la segmentation historique entre disciplines scientifiques, institutions publiques, mondes professionnels et territoires de vie empêche de voir ce qui relie profondément les crises sanitaires, agricoles, écologiques et sociales. C'est, enfin, affirmer que la santé humaine ne pourra plus être pensée, soignée ni défendue sans inclure dans le même raisonnement les sols, les plantes, les animaux, les milieux, les savoirs situés et les représentations symboliques du vivant. L'intérêt fondamental de cette présentation pédagogique de One Health tient justement à ce qu'elle est le fruit d'un effort collectif inédit, rassemblant des intervenants d'horizons disciplinaires, professionnels et culturels très variés, unis par la volonté de sortir d'une lecture fragmentée du monde pour proposer des diagnostics et des solutions ancrés dans la complexité du réel.

On y retrouve des médecins, comme Benoît Blaes, généraliste et cofondateur du Centre de santé communautaire et planétaire de Bron, Camille Besombes, infectiologue à l'Institut Pasteur, ou encore Renaud

Piarroux, spécialiste reconnu des épidémies à l'INSERM. À leurs côtés, des vétérinaires de terrain et de haut niveau comme Jean-Luc Angot, inspecteur général de santé publique vétérinaire, Karine Boquet, directrice générale adjointe d'AgroParisTech, ou Monique Léchenne, épidémiologiste vétérinaire engagée dans l'approche One Health.

Le monde de la recherche scientifique est lui aussi représenté dans sa diversité. Des économistes comme Gilles Allaire (INRAE) ou Éloi Laurent (OFCE) croisent ici leur regard avec celui de microbiologistes tels que Muriel Vayssier-Taussat (INRAE) ou Delphine Destoumieux-Garzon (CNRS), d'écologues comme Serge Morand (CNRS, Faculté de médecine tropicale de Mahidol), de philosophes comme Baptiste Morizot ou Antoine Chopot, de sociologues comme Jocelyne Porcher (spécialiste du travail avec les animaux à l'INRAE), ou encore de juristes comme Claire Lajaunie, spécialiste du droit de l'environnement.

Ce que cette richesse montre, c'est qu'il ne suffit pas de juxtaposer les savoirs. Il faut les faire dialoguer. L'épidémiologiste doit entendre le paysan, le philosophe interroger la vétérinaire, l'anthropologue écouter l'infirmier de terrain, l'économiste se confronter à la biologiste du sol. C'est ce tissage qui donne sa puissance au projet et rend crédible une redirection des politiques publiques : non pas une addition d'expertises, mais une réarticulation de leurs présupposés.

Ce projet pédagogique fait aussi place à des acteurs de la transformation concrète des systèmes de soin et d'alimentation : associations, collectifs de santé communautaire, éco-lieux, plateformes coopératives. On y retrouve par exemple le Jardin de Bron, incarné par Lauriane Gérémie-Carlu, le collectif Santérritoire porté par Clément Crozet et Mélody Nicoud, ou encore l'Alliance Santé Planétaire, avec Mélanie Popoff et Alexandre Robert. Ces lieux expérimentent déjà ce que pourrait être une santé située, écologique, territorialisée.

Les disciplines mobilisées sont nombreuses : médecine, santé publique, épidémiologie, écologie, économie, droit, philosophie, anthropologie, éthologie, sciences politiques, architecture, design, géographie, urbanisme, biologie de la conservation, biophysique. Loin d'être des pensées en silo, elles deviennent ici des langages mis en commun, des outils partagés, des récits tressés. Cela suppose humilité, patience, mais surtout une culture du commun – qu'incarnent également des intervenants comme Nicole Alix, présidente de la Coop des Communs, ou Max Mollon, chercheur et designer à Sciences Po.

En mettant côte à côte Dominique Acker, présidente du Haut Conseil des professions paramédicales, et Stacy Algrain, journaliste engagée dans la redirection écologique, en croisant les regards d'un urbaniste et d'un biologiste, d'un vétérinaire et d'un philosophe, cette approche démontre qu'il est possible de construire un horizon politique et culturel commun. Non pas en gommant les différences, mais en assumant la pluralité des points de vue comme une richesse indispensable.

Cette ouverture est d'autant plus nécessaire que les transitions agroécologiques, sanitaires et climatiques doivent désormais être pensées ensemble. Face à l'accélération des dérèglements écologiques, à la perte de fertilité des terres, à l'érosion de la biodiversité et à la montée des pathologies chroniques, il devient urgent de proposer un cadre unificateur et opérationnel. One Health, dans sa version pleine et entière, peut-être ce cadre, à condition de ne pas en édulcorer la portée. Il ne s'agit pas simplement de coordonner des administrations existantes, mais bien de refonder la manière dont nous concevons les rapports entre agriculture, alimentation et santé.

Ce livre plaide en ce sens. Il défend l'idée qu'à moyen terme, la santé publique ne pourra plus être conçue indépendamment de la qualité des sols, de la biodiversité cultivée et de la manière dont les territoires produisent, transforment et distribuent les aliments. Il appelle à une réforme structurelle : non seulement une coopération renforcée entre les ministères de la Santé, de l'Agriculture et de l'Environnement, mais aussi, à terme, une intégration organique de leurs structures. Car seule une alimentation issue de sols vivants, cultivée dans le respect des équilibres écologiques, pourra s'inscrire dans un véritable programme de santé publique. C'est ce lien fondamental – du sol à la santé humaine – que ce livre met en lumière, en s'appuyant sur des témoignages scientifiques et sur un champs expérimental large.

Et penser One Health sans y intégrer pleinement les agriculteurs et les éleveurs, c'est manquer la complexité réelle des milieux vivants où se nouent santé humaine, santé animale et santé environnementale. Ces professionnels sont les médiateurs directs entre les animaux, les plantes, les sols et les sociétés. Pourtant, ils sont trop souvent réduits à des agents d'application de normes technocratiques, sans que leur propre santé physique, mentale et sociale soit véritablement prise en compte.

Imposer des normes de confort animal – pourtant légitimes dans leur intention – sans tenir compte de la charge physique, mentale, économique et affective qu'elles peuvent représenter pour l'éleveur, conduit à une forme d'absurdité morale : faire le bien de l'animal au détriment de l'humain qui en prend soin. Or, la santé des éleveurs, leur capacité à vivre dignement de leur travail, à donner sens à leur métier, fait partie intégrante du continuum One Health. Un animal n'est pas en bonne santé dans un système où l'humain qui le soigne est épuisé ou en détresse.

Dès lors, réunir des ministères aussi stratégiques que ceux de la Santé, de l'Agriculture, de l'Environnement et du Travail, c'est bien plus qu'un impératif de coordination administrative : c'est une affirmation charismatique – au sens fort – d'une volonté de penser ensemble des fonctions que l'on a trop longtemps séparées. Ce métissage des fonctions, des disciplines et des politiques publiques est la condition d'une écologie réellement humaine, dans laquelle les vivants – humains et non-humains – ne sont pas mis en concurrence morale, mais considérés dans leurs interdépendances concrètes.

Néanmoins il reste un écueil, c'est de transformer un concept en méthode scientifique. Le concept One Health, en intégrant santé humaine, animale et environnementale, adopte une approche holistique qui présente de nombreux avantages en matière de prévention et de gestion des crises sanitaires. Toutefois, cette approche peut aussi comporter des risques épistémologiques : en fonctionnant souvent par analogies[10] (entre espèces, milieux ou systèmes), elle peut conduire à des simplifications excessives ou à des corrélations mal fondées. En confondant niveaux de causalité ou en diluant les spécificités biologiques et sociales, One Health risque parfois de masquer la complexité des interactions ou de produire des diagnostics flous, difficilement opérables. Le danger est alors de naturaliser les problèmes sociaux ou d'écologiser des enjeux sanitaires sans en examiner les causes politiques, économiques ou culturelles profondes. Une vigilance critique s'impose donc pour éviter que le paradigme, en prétendant tout relier, ne perde en précision ce qu'il gagne en portée.

Outre le problème de l'analogie dans le concept One Health, se pose un problème sémiologique fondamental : qu'entend-on par « santé » lorsqu'on l'applique à un animal, un écosystème, ou un biotope ? Dans le cas humain, la santé peut être pensée en termes d'expérience vécue, de normativité individuelle (comme chez

10. En science, l'analogie peut être utile pour illustrer, mais elle devient dangereuse lorsqu'elle remplace la démonstration. Elle repose sur des ressemblances apparentes qui peuvent masquer des différences fondamentales entre les phénomènes. Utilisée sans rigueur, elle falsifie la compréhension, en prêtant à un domaine des logiques issues d'un autre, sans preuve. Elle séduit par sa simplicité, mais risque de figer la pensée et de naturaliser des liens non démontrés. La science exige donc de privilégier la preuve et l'analyse spécifique à la ressemblance intuitive.

Canguilhem[11]), mais pour les non-humains, les signes de santé ne sont ni univoques ni universels. Quelle est la santé d'une meute de loups, d'un corail, d'une forêt primaire ? Est-ce leur capacité de résilience ? Leur diversité génétique ? Leur équilibre supposé ? Autant de notions qui relèvent plus de constructions humaines que de diagnostics objectifs.

Réduire la « bonne santé » d'un milieu ou d'une espèce à la non-incidence de la pollution ou de l'activité humaine revient à naturaliser une forme d'état antérieur, supposé stable ou « pur », sans interroger les dynamiques internes propres à ces systèmes. Cela introduit une normativité implicite, souvent anthropocentrée et conservatrice, qui risque de masquer les conflits d'usage, les interactions évolutives, ou les adaptations parfois bénéfiques aux perturbations.

---

11. William Addey, vétérinaire et en cours de thèse sur une épistémologie de One Health me cite Canguilhem en référent : La pensée de Georges Canguilhem sur la santé s'articule autour d'une vision normative et vitaliste, en rupture avec une conception purement statistique ou biomédicale. Pour lui, la santé n'est pas simplement l'absence de maladie, ni un état mesurable de normalité biologique, mais la capacité d'un individu à créer ses propres normes de vie dans un environnement donné. Autrement dit, un être vivant en bonne santé est celui qui peut s'adapter, inventer de nouvelles normes, et faire face à des situations variées. À l'inverse, la maladie est une réduction de cette puissance normative, une manière appauvrie de vivre, mais elle n'est pas une simple anomalie : elle a aussi sa logique propre. Canguilhem insiste sur le fait que la santé est subjective, contextuelle et dynamique, toujours située dans une histoire personnelle et biologique. Sa pensée a profondément influencé la philosophie de la médecine, les sciences du vivant et les approches critiques de la normalité.

Le danger est donc double : projeter nos catégories médicales sur des entités qui ne les partagent pas, et croire qu'un monde « en bonne santé » serait simplement un monde où l'humain ne laisse pas de trace. Une telle vision désincarne les vivants non humains et dépolitise les enjeux écologiques, en faisant de la santé un mot-valise plutôt qu'un concept opérationnel et critique[12].

Enfin, une approche One Health véritablement efficace suppose de repenser en profondeur le système socio-économique global, à commencer par celui qui

12. William Addey évoque le patho-centrisme à resituer philosophiquement dans la morale de l'ambiguité de Simone De Beauvoir. Le patho-centrisme – tendance à centrer la compréhension de l'humain sur la maladie, la vulnérabilité ou la souffrance – comporte un danger conceptuel et éthique majeur : il réduit l'existence à ses formes déficientes, biologiquement ou socialement marquées, au détriment de la pluralité des expériences humaines. Cette vision risque de naturaliser la fragilité comme essence de l'humain, et de légitimer des dispositifs de contrôle, de soin ou de normalisation, sous prétexte de protection.
Simone de Beauvoir, dans *La morale de l'ambiguïté*, met en garde contre toute pensée qui enferme l'humain dans une définition figée, qu'elle soit d'ordre biologique ou moral. Pour elle, l'humain est fondamentalement ambigu, à la fois sujet libre et être en situation, jamais totalement réductible à ses conditions (y compris pathologiques). Le patho-centrisme nie cette ambiguïté en absolutisant la dépendance, en oubliant que même dans la maladie, l'individu conserve une dimension de liberté, de projet, d'invention de sens. Ainsi, une éthique inspirée de Beauvoir refuse de voir dans la maladie une pure passivité. Elle appelle à reconnaître le sujet dans sa capacité à se définir malgré, avec, ou contre sa condition, et à éviter les approches compassionnelles ou technocratiques qui, sous couvert de soin, dépossèdent l'individu de sa puissance d'agir.

régit l'agriculture. Il dénonce une agriculture subordonnée aux logiques spéculatives et industrielles, façonnée non par les besoins des populations, mais par ceux des marchés agroalimentaires et financiers. La santé des agriculteurs et la justice sociale sont donc centrales et indissociables de la santé des écosystèmes. Comme l'explique Éric Lenoir, cofondateur des EGAA (États généraux des agricultures alternatives), Il appelle à un arbitrage étatique honnête et interétatique paritaire, fondé sur des principes clairs comme le pollueur-payeur, et une revalorisation du travail scientifique interdisciplinaire[13]. Sans cela, One Health risque

13. Contribution d'Éric Lenoir: la santé sociale est un élément fondamental du concept. C'est d'ailleurs quelque chose qui est parfaitement intégré par la confédération paysanne, qui est très claire sur le sujet: il sera impossible de faire évoluer l'agriculture dans le sens souhaité (par « nous ») sans revoir les fondements du système socio-économique tout entier. L'agriculture contemporaine est le résultat d'une aspiration des États à une certaine forme de stabilité par les échanges et la croissance. Le fait même que les matières premières alimentaires aient été ouvertes à la spéculation par le FMI rend inopérante toute tentative de rendre rentable et à prix juste l'exploitation agricole de pays comme la France, qui parvient à mobiliser les financements de la PAC non pas pour soutenir ses paysans, mais pour soutenir ce système tout sauf vertueux, qui pousse à l'industrialisation la plus démesurée et la plus cynique, en plus d'être fragile aux diverses crises contemporaines et à venir (et nous fragiliser en tant que population au passage).
La base à toute mise en place d'une politique Onc Health efficace est donc la remise en question de ce système mondialisé d'échange de productions agricoles – loin d'être toutes alimentaires – qui pousse nécessairement l'agriculture au fond de l'impasse. On aurait également tort de trop se focaliser sur l'agriculture, le problème sur

de rester un slogan creux, détourné par des intérêts dominants au détriment du bien commun.

Patrick Frémeaux

le terrain étant avant tout agro-industriel et agroalimentaire – on produit comme on produit pour satisfaire la demande d'industriels qui ont créé ou créent des marchés pour lesquels leurs besoins sont massifs et extrêmement précis –, industriel (l'agriculture n'est pas seule à polluer, loin s'en faut, et le glyphosate comme son métabolite l'AMPA qu'on trouve dans les eaux de surface européennes – pas celles des nappes souterraines – viennent à priori majoritairement de lessives domestiques en vente libre qui ont remplacé celles avec phosphates) et économiques, puisqu'au final la décision d'un conseil d'administration et la pression d'actionnaires président aux décisions affectant les territoires.
Sans un arbitrage honnête de la part des États, qui passerait par exemple par la simple application du principe pollueur-payeur, ou l'encadrement des importations, le concept One Health risque de ne rester qu'une utopie irréalisable ou, pire, la démonstration supplémentaire que le travail produit par la crème des scientifiques – de la sociologie à la biologie, en passant par l'écologie, l'agronomie et l'économie – n'est absolument pas pris en compte pour les politiques publiques, à fortiori si les lois sont rédigées dans un sens de plus en plus éloigné du bien commun, à la faveur d'intérêts faiblement avouables qui passent par le maintien de divers privilèges individuels d'acteurs majeurs des causes d'un problème au coût et à l'impact mutualisé.

Sommaire

On a besoin d'envisager les maladies, notre vie et notre santé d'une manière plus globale, en prenant en compte nos relations à l'environnement et aux animaux. On doit comprendre ces relations parce qu'on est malades de ne pas le faire.

Renaud Piarroux,
chef de service à la Pitié Salpêtrière
et spécialiste des épidémies

Remerciements des auteurs

Nous n'aurions pas pu réaliser une étude aussi ambitieuse sans le soutien et la participation de nombreux partenaires, que nous souhaitons chaleureusement remercier avant de nous lancer dans le vif du sujet.

En premier lieu, merci à nos partenaires principaux : Jaji, la mutuelle des entreprises engagées, et l'Institut pour la Recherche de la Caisse des Dépôts, pour la confiance témoignée et leur soutien pendant toute la durée de cette étude. Un grand merci, en particulier, à Quentin Sauvée, Hanna Rebibo, Isabelle Laudier et Diane de Mareschal pour leur investissement et leurs précieux conseils.

Du côté de la recherche, nous tenons tout d'abord à remercier notre comité scientifique, qui a accepté de s'engager à nos côtés dès le début de l'étude et ainsi de garantir sa rigueur. Merci donc à Nicolas Lainé, Renaud Piarroux, Muriel Vayssier-Taussat, Nelly Pares, Jocelyne Porcher, Frederic Keck, Serge Morand, et Claire Lajaunie.

Au-delà de ce comité, nous souhaitons également remercier toutes les personnes (chercheurs, médecins, spécialistes de l'approche One Health, acteurs de la santé publique) avec lesquelles nous nous sommes entretenus ces derniers mois : Thierry Lefrançois, Pascal Boireau, Gwenola Le Naour, Jean-Luc Angot, Léonie Varobieff, Cyrille Harpet, Jesse Robert, Karine Boquet, Clément Crozet et Mélody Nicoud, Julie Rivière, Bernard Jourdain, Florence Nicolè, Mélanie Popoff, Nicole Alix et Véra Vidal, Sébastien Gardon, Vincent Pacini, Claire Harpet, Marianne Chouteau, Camille Besombes, Alban Narbonne, Antoine Gerbault, Mariam Godde, Sophie Gosselin, David Gé Bartoli.

Deux mentions spéciales méritent ici d'être faites : une première pour les membres du Jardin de Bron pour leur temps et leur accueil chaleureux : Clémence Tardy, Lauriane Gérémie-Carlu, Benoit Blaes et leurs collègues. Et une deuxième pour Alexandre Robert, de l'Alliance Santé Planétaire et Yann Bergamaschi, de la Fabrique des Santés, pour leur amitié tout au long de cette aventure.

En parallèle, ce projet fut l'occasion de fédérer un écosystème créatif que nous devons également saluer. Merci donc à nos trois organisations partenaires : le collectif Zoepolis, Imaginarium-S et l'École de Design de Nantes Atlantique. Merci à leurs membres ainsi que tou·tes celles et ceux ayant pris part à ce processus de design prospectif : Emile Hooge, Claire Deligant, Hervé Chaygnaud-Dupuy, Nicolas Roesch, Paco Tiendrebeogo, Morgane Pecot et Annabel Roux.

À ce stade, il convient aussi de remercier et de citer des personnes que nous avons sollicitées, mais sans suffisamment les tenir au courant ou réussir à trouver les bonnes modalités de collaboration : Max Mollon, Joffrey Lavigne, Guillian Graves ou encore

Cécile Tourneboeuf. Merci pour votre temps, et on espère sincèrement travailler ensemble à l'avenir !

Une dernière sphère, plus anonyme mais pas moins nombreuse doit aussi être citée ici, et il s'agit bien entendu de la sphère citoyenne. Un grand merci donc aux étudiant·es de l'EDNA pour leur participation à plusieurs sprints créatifs, à l'ensemble des répondant·es à nos questionnaires distribués dans des lieux de formation à la santé, aux nombreux·ses participant·es aux ateliers organisés aux Arches Citoyennes à Paris, ou à Lyon, mais aussi à l'ensemble des personnes ayant expérimenté le dispositif Attention au Vivant. Merci d'ailleurs à Stacy Algrain et au média La Corneille pour leur contribution et la diffusion de cette expérimentation apprenante.

Chez sinonvirgule enfin, l'engagement sur cette étude a largement dépassé ses co-fondateurs. Un immense merci pour l'implication sans faille d'une grande partie de l'équipe : Violaine Baccialone, Ceylan Bougie, Matthias Gaucher, Clara Le Her, Maxime Couette, Agathe Leroux et Zoë Le Monnyer.

En un mot, cette étude a été permise par le concours d'expertises et de parcours variés, réunis par l'ambition commune de faire advenir un monde plus juste, et en meilleure santé. Pour traiter du sujet One Health, il ne pouvait pas en être autrement.

Avant-propos

Qui parle, de quoi et d'où ?

sinonvirgule est un bureau d'études et de conseil en redirection écologique. Depuis 2021, nous étudions les conséquences pour nos modes de vie modernes de l'entrée de l'humanité dans une nouvelle ère d'instabilité et de bascules : l'Anthropocène[14]. À travers les outils de la recherche, de la prospective et du design, nous cherchons à donner à voir de nouvelles perspectives pour l'organisation de nos sociétés, qui soient compatibles avec un maintien des conditions d'habitabilité de la Terre pour l'ensemble du vivant. Loin de penser l'écologie comme un simple enjeu technique, nous cherchons à promouvoir une transformation radicale de nos modes de production et d'organisation vers de nouvelles manières d'habiter le monde.

Il y a un an, ces ambitions nous avaient conduits à étudier le secteur de l'assurance dans une étude

---

14. Terme proposé par les scientifiques Eugene Stoermer et Paul Crutzen pour désigner une nouvelle période géologique, caractérisée par l'avènement des activités humaines comme force de déstabilisation majeure du système Terre.

nommée *Peut-on assurer un monde qui s'effondre ?*. Nous avions alors touché du doigt les liens entre des événements climatiques qui s'intensifient et la disparition du sentiment de sécurité auquel les populations humaines s'étaient habituées. Cette fois, nous tirons pleinement le fil de cette dynamique afin de comprendre la manière dont l'instabilité qui caractérise notre époque reconfigure notre rapport à cette sécurité, dans son acception plus large que constitue le concept de "santé".

Notre point de départ

Cette nouvelle étude part donc d'un double-constat. Premièrement, l'humanité semble être entrée, depuis plusieurs années, dans une ère de la maladie : explosion des maladies chroniques, multiplication des maladies infectieuses émergentes, omniprésence du risque pandémique... Deuxièmement, des effondrements écologiques majeurs sont en cours : déclin dramatique de la biodiversité mondiale, intensification des événements climatiques extrêmes, pollutions incontrôlables... Notre proposition : comprendre la manière dont ces enjeux s'articulent, et, par là même, identifier des portes de sortie. Pour ce faire, nous avons choisi de nous intéresser à une approche de la santé qui propose de penser ensemble ces deux constats. Son postulat de départ : la santé des humains, celle des animaux et celle des écosystèmes sont intimement liées ; lorsque l'une est dégradée, les deux autres le sont également. Cette approche, c'est l'approche One Health.

NB : D'autres approches comme Eco Health ou la Santé Planétaire prennent des points de départ proches et complémentaires que nous étudierons également. Nous avons toutefois choisi de retenir le terme "One Health" car il est aujourd'hui le plus largement discuté.

Notre objectif

L'approche One Health vise ainsi à transcender les barrières entre les disciplines, les secteurs et les acteurs de santé. Dès le départ de notre réflexion, nous avons été interpellés par le décalage de taille qu'il semble y avoir entre sa popularisation dans les milieux institutionnels, et sa relative méconnaissance par le grand public. Pourtant, et comme nous le verrons, elle est porteuse de transformations dont les enjeux sont profondément politiques, et dont nous pensons que chaque citoyen·ne devrait pouvoir se saisir. Dès lors, nous avons eu l'objectif de faire passer cette approche de la sphère scientifique à la sphère culturelle, en la rendant plus accessible, et en dessinant les implications concrètes de son application totale. Pour ce faire, nous avons structuré nos efforts de la façon qui suit.

Notre méthode

Cette étude est le fruit d'un travail de plus d'un an, ayant mobilisé un large panel d'acteurs, d'expert·es et de citoyen·es, et qui s'est divisé en trois grandes phases.

La première, la phase d'enquête, visait à rendre compte le plus précisément et le plus largement possible de l'état des connaissances scientifiques et des pratiques se rapportant de près ou de loin aux principes promus par l'approche One Health. Pour cela, nous avons tout d'abord constitué un comité scientifique (composé de chercheur·euses, de professionnel·lde la santé et de spécialistes de l'approche One Health) chargé d'encadrer nos réflexions, de nous indiquer les champs à creuser, et de passer nos analyses au crible de leur expertise. S'en est suivie la constitution d'une revue de littérature, la conduite de plus de trente entretiens avec des expert·es de domaines variés (droit, écologie, microbiologie, anthropologie, santé humaine…), et la réalisation de plusieurs enquêtes de terrain.

La deuxième phase consistait à rendre cette recherche appréhensible par le grand public, grâce aux outils du design et de la prospective. Pour ce faire, nous nous sommes entourés de collectifs créatifs, qui nous ont aidé à imaginer et à mettre en récit les différents “mondes One Health” préfigurés par la phase d'enquête. Des ateliers citoyens ont été organisés, lors desquels les participant·es ont été invité·es à se projeter dans ces mondes et à en imaginer les contours, les mœurs et les particularités. Ces récits ont ensuite servi à la création d'une série d'objets et de concepts fictifs, des artefacts, constituant une collection de matière prospective à même de rendre palpable ces différents mondes. C'est aussi pendant cette phase que nous avons conçu le dispositif participatif *Attention au Vivant*, permettant à tout un chacun de recueillir des informations de santé du vivant au plus proche de chez lui, et augurant ainsi d'un nouveau rôle possible pour les citoyens dans le diagnostic et la prise en compte des enjeux de santé-environnement sur les territoires.

La troisième phase, enfin, s'étend bien au-delà de la rédaction de l'étude : elle a vocation à porter les conclusions de cette dernière dans le champ du débat public, par la sélection des messages-clés qu'il nous a semblé le plus urgent de mettre à l'agenda politique. En collaborant avec des médias, des vulgarisateur·ices scientifiques et des expert·es de différents domaines, nous espérons ainsi favoriser des discussions citoyennes autour des manières de faire advenir un monde plus désirable et en meilleure(s) santé(s).

En somme, l'ambition de cette étude, conduite de manière indépendante, n'est pas d'apporter notre pierre à l'édifice d'une recherche scientifique déjà foisonnante sur la question, ni d'émettre une "série de recommandations", qui auraient de toute façon du mal à s'accommoder de la complexité des enjeux en présence. . Notre but est plutôt de documenter les manières variées dont des acteurs se saisissent aujourd'hui de la question de la santé dans un monde instable où de nombreuses frontières (entre les disciplines, les espèces...) s'estompent, et d'imaginer les différentes reconfigurations de nos sociétés qui s'en dessinent. Ce faisant, nous nous positionnons résolument en faveur d'une sortie de l'ordre actuel. Autrement dit, nous cherchons bien à proposer de nouvelles possibilités, à fédérer autour de questions communes, à construire des visions mobilisatrices et partagées. À bien des égards, ce document s'adresse ainsi à toutes et celles et ceux qui cherchent de nouveaux relais pour faire advenir une société en meilleure santé et/ou respectueuse du vivant (deux objectifs qui, en réalité, se confondent).

Deux précautions avant de commencer la lecture :

1. *les citations non référencées sont toutes issues d'entretiens donnés à sinonvirgule dans le cadre de cette étude ;*
2. *toutes les personnes ayant collaboré à cette étude et / ou apparaissant dans le texte sont présentées dans le répertoire en fin d'étude.*

La méthodologie de l'étude One Health (intitulé Ooonehealth par sinonvirgule)

L'édito de Serge Morand

Serge Morand est chercheur au CNRS, professeur invité à la faculté de médecine tropicale de l'université de Mahidol et membre du Groupe d'experts One Health. Il est notamment l'auteur de *L'homme, la faune sauvage et la peste* (Paris, Éditions Fayard, 2020).

« Après un XXe siècle marqué par des progrès considérables en termes de santé publique, ces dernières années laissent planer un doute sur notre capacité à faire de nouveaux progrès en la matière. En effet, de nouveaux risques sanitaires apparaissent, souvent liés au réchauffement climatique et plus largement à la dégradation des milieux naturels que notre époque (et nos sociétés humaines) accélère(nt).

Face à ces défis, l'approche One Health *(ou Une Seule Santé), apparue au tournant du XXIe siècle*, plaide pour une meilleure (re) connaissance des liens entre la santé des humains, des animaux, et des milieux naturels. *Les intersections entre ces santés sont en effet nombreuses, et demandent aujourd'hui une plus grande collaboration entre des mondes aujourd'hui trop cloisonnés. Ainsi, et pour lutter contre des sujets aussi complexes que l'émergence d'une zoonose*[15]*, le déplacement de certaines niches écologiques ou le lien entre certaines maladies chroniques et une moindre exposition à une biodiversité microbienne, les institutions, formations, professionnels et politiques de ces trois santés ont l'obligation de se réorganiser.*

Il s'agit déjà d'un chantier considérable, mais l'approche One Health ne s'arrête pas là. En effet, et si elle était placée au coeur de nos objectifs socio-économiques, cette santé partagée entre humains, animaux et milieux naturels pourrait devenir la nouvelle boussole de nos sociétés. *Chaque décision pourrait ainsi être dédiée à la recherche de co-bénéfices entre santé et environnement, et à la réduction des vulnérabilités que nous partageons avec le vivant. En d'autres termes, l'approche One Health dessine une société où nous parvenons à réconcilier les intérêts humains et ceux du vivant.*

Ce faisant, l'approche One Health a le potentiel de bouleverser en profondeur nos systèmes productifs, nos économies et nos territoires. *L'artificialisation des sols, la privatisation de certaines ressources (comme l'eau) ou encore l'élevage intensif sont ainsi autant de pratiques que l'approche One Health peut participer à remettre en question pourvu qu'elle assume sa capacité révolutionnaire. Enfin et surtout, en faisant de la santé un commun que l'humain partage avec d'autres, l'approche One Health nous*

15. Maladie infectieuse pouvant se transmettre de l'animal à l'humain, et inversement.

replace pleinement au cœur d'une nature dont nous avons voulu nous extraire à tort.

En explorant le concept One Health sous différents angles, cette étude a souhaité mettre en avant le potentiel d'une approche nécessaire, déjà utile, mais qui doit nous inviter à faire plus.

Bonne lecture!»

Introduction

Une seule santé, plusieurs mondes One Health

Trouble dans la santé

L'une des plus grandes avancées du XXe siècle a probablement été l'ampleur et la rapidité des progrès réalisés en matière de santé publique dans les sociétés occidentales. Sous les effets conjugués de nouvelles pratiques d'hygiène, d'une meilleure alimentation et des progrès de la médecine, l'espérance de vie humaine moyenne a ainsi doublé en seulement quelques décennies[16]. En France, elle passe de 45 ans en 1900, à 79,2 ans pour les hommes et 85,3 pour les femmes en 2020[17]. Peu à peu, l'humanité regagne du terrain sur la dégradation des modes de vie qu'avait entraîné son entrée dans l'ère industrielle[18] ; et l'époque des maladies incurables

16. *How Humanity Gave Itself an Extra Life*, New York Times, 2021

17. *L'espérance de vie en France*, Ined, 2020

18. Latouche, S., *La Mégamachine, raison techno-scientifique, raison économique et mythe du progrès*, 1995, p. 89.

et de la mortalité infantile paraît même proche d'être révolue.

Toutefois, et depuis quelques années, cette situation semble s'enrayer. Entre 2019 et 2021, et pour la première fois depuis plusieurs décennies, l'espérance de vie à la naissance baisse mondialement, de 1,4 an en moyenne[19]. Si "*plus de 70% des pays font face à une réduction de leur espérance de vie à la naissance*"[20], la chute subie par les États-Unis depuis 2015 est parmi les plus spectaculaires: de 78,9 ans en 2014, celle-ci passe à 76,1 ans en 2021, son niveau le plus bas depuis 1996[21].

Pour expliquer cette trajectoire, il est tentant de recourir à la crise mondiale du Covid-19, qui a en effet provoqué une surmortalité importante ces dernières années[22]. Cependant, la seule mobilisation de cet épisode présente a minima deux difficultés. D'une part, elle masque une autre cause profonde, à savoir les conséquences sur la santé d'un environnement dégradé. La pollution atmosphérique, pour ne parler que d'elle, cause déjà la mort prématurée de plus de 8 millions de personnes chaque année, devenant le deuxième risque de décès dans le monde[23].

19. United Nations *Development Program, Human Development Report 2021/2022*, 2022

20. *ibid.*, p.166

21. Arias, E. et al., *Provisional Life Expectancy Estimates for 2021*, *Vital Statistics Rapid Release*, 2022

22. *ibid.*

23. Rapport du State of Global Air, publiés par les Health Effects Institute (HEI) et Institute for Health Metrics and Evaluation en juin 2024

D'autre part, il est souvent oublié que le Covid-19 trouve lui aussi son origine ultime dans la dégradation de certains milieux naturels. À ce jour, le milieu scientifique s'accorde ainsi pour classer le Covid parmi les zoonoses[24], ces maladies infectieuses provenant d'autres animaux, et qui représentent aujourd'hui 60% des maladies humaines[25] (parmi lesquelles la dengue, l'hépatite A, le virus Ebola...). Le lien entre l'émergence de ces zoonoses et nos façons d'interagir avec les milieux naturels (changement d'affectation des terres[26], mise sous pression de certains habitats...) est aujourd'hui largement démontré. Comme l'explique le Cirad[27], "*une accélération de la déforestation signifie une hausse des interactions entre la faune sauvage, qui est un réservoir de virus encore inconnus, et les activités humaines, notamment agricoles. Près de 50% des zoonoses qui ont fait leur apparition depuis les années 1940 sont associées à l'agriculture.*"[28]

---

24. Maladie infectieuse pouvant se transmettre de l'animal à l'humain, et inversement.

25. *Les zoonoses, quand les animaux contaminent les humains*, ANSES, 2022

26. Déforestation, agriculture, activités extractives, artificialisation...

27. Centre de coopération internationale en recherche agronomique pour le développement.

28. *Emergence de maladies zoonotiques et déforestation : un cercle vicieux renforcé par les impacts de la Covid-19*, Cirad, 2021

One Health : une seule santé

Globalement donc, il est nécessaire de ne pas considérer la baisse récente de notre santé humaine comme le résultat d'un épisode exceptionnel, ponctuel ou isolé, mais bien celui d'un phénomène structurel qui voit les milieux naturels péricliter sous l'effet de l'action ordinaire de l'homme. Comme l'explique Renaud Piarroux, chef de service à la Pitié Salpêtrière et spécialiste des épidémies, "*l'environnement est malade et nous tombons aussi malades. Parmi ces maladies, il y a certains virus comme le Covid mais aussi l'obésité, la perte de fertilité, les pathologies respiratoires... (...) et il faut bien saisir aussi les troubles psychologiques qui naissent de cette vie dans un environnement dénaturé.*" En bref, il s'agit bien aujourd'hui d'intégrer une réalité qu'il était jusque-là encore possible d'ignorer : notre santé est radicalement dépendante de celles des milieux naturels qui nous entourent et des espèces végétales, animales et microbiennes qui les peuplent.

Cette réalité constitue la base même de l'approche "One Health", apparue au début des années 2000. Lancée à l'initiative de la Société de conservation de la faune sauvage (WCS), puis relayée par des institutions internationales comme l'OMS, la FAO[29],

29. La FAO (Organisation des Nations Unies pour l'alimentation et l'agriculture) est une agence spécialisée qui lutte contre la faim et promeut la sécurité alimentaire dans le monde.

l'OMSA[30] et le PNUE[31], elle se définit de la façon suivante : "*Le principe « Une seule santé » consiste en une approche intégrée et unificatrice qui vise à équilibrer et à optimiser durablement la santé des personnes, des animaux et des écosystèmes. Il reconnaît que la santé des humains, des animaux domestiques et sauvages, des plantes et de l'environnement en général (y compris des écosystèmes) est étroitement liée et interdépendante*".

En parallèle de cette vision, l'approche One Health pose un constat implacable : en pensant la santé humaine comme étant séparée de celles des animaux et des écosystèmes, nous nous sommes rendus aveugles aux interdépendances profondes qui lient les trois entre elles. Ainsi, nos disciplines académiques sont aujourd'hui trop cloisonnées, nos politiques publiques trop sectorielles, et nos pratiques de santé trop curatives[32], pour appréhender pleinement la complexité de ces liens, et donc pour espérer retrouver une meilleure santé. En réponse, l'approche One Health propose à l'inverse de mobiliser "*de multiples secteurs,*

30. L'OMSA (Organisation mondiale de la santé animale), anciennement OIE, est l'autorité internationale chargée de la santé animale et du bien-être animal.

31. Respectivement Organisation mondiale de la santé, Organisation des Nations Unies pour l'alimentation et l'agriculture, Organisation mondiale de la santé animale et Programme des Nations Unies pour l'environnement.

32. Axées sur la guérison après-coup, réactives et trop peu préventives.

disciplines et communautés à différents niveaux de la société pour travailler ensemble à fomenter le bien-être et à lutter contre les menaces pour la santé et les écosystèmes".

Des usages et des mondes

Organisée autour d'une vision globale et de l'injonction d'une plus grande collaboration entre les trois santés (humains, animaux, environnement), l'approche One Health est en apparence consensuelle, et c'est ainsi qu'elle a trouvé un écho considérable depuis sa formulation. Toutefois, cette popularisation rapide semble en réalité cacher un affrontement (ou tout du moins des divergences) entre des visions bien distinctes des conclusions à tirer de ses principes. En effet, alors que certains se limitent à promouvoir un décloisonnement entre les secteurs, les disciplines et les acteurs, l'approche One Health conduit pour d'autres à une remise en question fondamentale du modèle économique productiviste aujourd'hui dominant. Selon cette seconde vision, ce ne sont pas uniquement nos manières de nous former, de nous soigner et de gouverner qui doivent évoluer, mais également nos manières de concevoir le vivant, de produire, de nous organiser, de transformer notre environnement.

Dès lors, il semble qu'un travail de clarification soit nécessaire, et doive être articulé autour de projections qui permettent de tirer le fil des différentes ambitions de l'approche One Health, et de mieux se représenter les différentes possibilités qu'elle dessine. Autrement dit, et au-delà d'une exploration des propositions politiques qui émergent de l'approche One Health, ce sont bien ses conséquences concrètes sur l'organisation future de nos sociétés qu'il s'agit aujourd'hui d'imaginer.

Pour cela, nous avons fait le choix dans cette étude de volontairement polariser trois visions différentes de l'approche One Health, et d'imaginer pour chacune les mondes qui en découlent : quelles sont leurs institutions, à quoi ressemblent leurs métiers du soin, comment sont organisés leurs territoires ? Qui sont leurs habitant·es, quelle nourriture mangent-ils et comment la produisent-ils ? Quel est leur rapport au vivant qui les entourent, et quelles sont leurs modalités de cohabitation ?

Le document suivant est entièrement bâti autour de ces trois visions :

One Health comme Santé Décloisonnée

Cette première partie se concentre sur la façon dont l'approche One Health bouscule le fonctionnement de nos institutions, de nos politiques publiques, du monde de la recherche et des pratiques professionnelles. Cette conception "a minima" de l'approche One Health permet déjà d'entrevoir un monde certes proche du nôtre mais tout de même différent, caractérisé par un total décloisonnement des trois santés, de nouvelles collaborations et une meilleure compréhension des conditions d'émergence des maladies infectieuses.

One Health comme Santé Planétaire

Dans cette deuxième partie, nous dépassons le cadre habituel de l'approche One Health pour intégrer pleinement le constat de milieux naturels durablement dégradés par le fonctionnement "normal" de nos sociétés humaines. Cette acceptation nous permet de dessiner un deuxième monde, plus lointain, et réorganisé autour de l'atteinte d'une pleine santé humaine dans le respect des limites planétaires. L'ensemble des déterminants socio-environnementaux de la santé y sont pris en compte et servent de nouvelle boussole politique. Les territoires sont le lieu d'un renouveau des soins primaires basés sur l'universalité et l'autonomie des populations en santé.

One Health comme Santé Commune

En retraçant les origines profondes de la crise écologique actuelle, cette dernière partie autorise une remise en cause plus radicale de nos sociétés modernes, et esquisse donc un monde moins familier. Ce dernier monde, désanthropocentré[33], est axé autour de la cohabitation pérenne de l'ensemble des espèces au sein de territoires de santé partagée. La production y est libérée des impératifs de profit économique et ancrée dans les cycles naturels, et les potentialités du vivant sont redéployées par des pratiques de réensauvagement. La santé y devient un commun

33. Anthopocentrisme : conception philosophique qui appréhende la réalité à travers le prisme de la seule subjectivité humaine, reléguant le reste du monde naturel au statut d'objets.

multispécifique[34], entretenu par la pratique collective et quotidienne du soin porté aux liens de réciprocité qui lient entre eux les membres des communautés biotiques[35].

Ces trois mondes sont certes distincts, mais pas concurrents. Il s'agit plutôt ici de considérer leur complémentarité, voire leur progressivité, dans le sens où l'avènement de chacun semble en réalité être un préalable autorisant la possibilité des suivants. Ils ont avant tout pour objectif de donner à voir les potentialités contenues dans des positionnements qui se pensent aujourd'hui essentiellement au présent, et auxquels nous avons jugé utile de donner une dimension prospective. Nous espérons qu'ils rempliront l'objectif recherché : donner envie, repousser – faire réagir, en somme, et alimenter des discussions nécessaires à l'avènement d'une meilleure santé pour l'ensemble du vivant.

Une seule santé donc, mais trois mondes One Health, que nous vous invitons maintenant à découvrir, à discuter, et pourquoi pas, bientôt, à habiter.

34. Multi-espèces, concernant plusieurs espèces.

35. Concept inventé par le philosophe et garde forestier américain Aldo Leopold, et qui désigne l'ensemble des êtres vivants et non-vivants qui vivent en interdépendance dans une même région.

Interlude historique

À quelle histoire l'approche One Health fait-elle écho, et comment est-elle devenue une référence dans les milieux institutionnels et académiques à l'échelle mondiale ? Une rapide présentation de l'évolution de la porosité entre les trois santés à travers l'histoire peut nous aider à le comprendre.

Jusqu'au xxe siècle : un décloisonnement relatif des trois santés

Bien que les termes "One Health" et "Une Seule Santé" aient émergé au cours des dernières décennies seulement, des jonctions entre santé humaine, santé animale et santé environnementale peuvent être observées depuis des temps anciens. Ainsi, dès la Grèce antique, Aristote documente les similitudes entre les corps des humains et ceux des animaux, favorisant l'étude des premiers d'après celle des seconds[36]. Plus largement, jusqu'au XVIIIe siècle, c'est la théorie médicale de l'humorisme qui domine, selon laquelle

36. Bresalier, M. et al. *Chapitre 1 – One Health dans l'histoire. in: One health, une seule santé*, Quae, 2020

la santé de tous les corps, humains ou non, dépend de l'équilibre entre quatre éléments fondamentaux : le feu, l'eau, la terre et l'air. L'environnement y joue aussi un rôle majeur, étant tour à tour responsable du maintien, de la déstabilisation et de la restauration de l'état de santé. Bien qu'elle fut réfutée par la suite, cette théorie témoigne de la longévité d'une pensée de la continuité entre l'environnement, la santé humaine et la santé animale, et ce sur plusieurs dizaines de siècles. Par ailleurs, dans les pratiques, la guérison des humains et celle des animaux ont bien souvent été assurées par les mêmes professionnels (en raison de contraintes matérielles comme le coût des services, la rareté des médecins…), favorisant l'émergence de pratiques de santé communes à différentes espèces.

Le déclin de la pensée grecque au cours des XVIIe et XVIIIe siècles, loin de mettre fin aux porosités perçues entre les trois santés, les amplifia : c'est à cette époque que naît l'anatomie comparée, une discipline qui étudie les similitudes entre les corps humains et animaux. De nouvelles taxonomies sont développées, comme celle de Carl von Linné, qui réunit humains, singes et chauve-souris dans un même ordre de primates, troublant ainsi la division entre les deux règnes. Cette pratique servit de socle au développement de la médecine comparative, un champ qui vise à comprendre les paramètres de transmission de maladies chez différentes espèces. C'est dans ce cadre que les travaux du médecin Vicq d'Azyr l'amenèrent à conclure que « *les considérations sur les maladies qui attaquent l'homme sont applicables sans aucune exception à celles qui attaquent les animaux. La médecine est une: et ses principes généraux, une fois établis, sont très faciles à appliquer dans différentes circonstances et à diverses espèces*»[37].

La création des premières écoles vétérinaires, en 1762 à Lyon et en 1777 à Alfort, marquent par ailleurs le début d'une collaboration étroite entre les spécialistes des deux santés. Vicq d'Azyr fit par exemple entrer dans les années 1780 l'enseignement de la prise en charge des fractures humaines et des accouchements à l'école d'Alfort, afin de permettre aux vétérinaires de fournir ces services aux communautés rurales[38]. À l'inverse, il était courant pour les chirurgiens de posséder également un diplôme de vétérinaire, et les enseignements des deux disciplines suivaient globalement le même modèle.

Au XIXe siècle, la collaboration entre médecins et vétérinaires reste largement répandue, et les liens entre les deux santés vont même s'intensifier à la faveur d'importantes évolutions en biologie, comme la publication de *L'Origine des Espèces*[39] par Charles Darwin en 1859, et la découverte du rôle des germes dans

37. *ibid.*

38. *ibid.*

39. Texte fondateur de la théorie de l'évolution, qui postule une continuité entre toutes les espèces vivantes.

l'émergence de maladies dans les années 1860. Des avancées majeures dans la compréhension des maladies humaines et animales suivront, qui donneront notamment naissance au concept de zoonose et permettront l'invention des premiers vaccins par Louis Pasteur. Une nouvelle discipline voit alors le jour : la Santé publique vétérinaire.

Le xxe siècle : un cloisonnement institutionnel accru, les prémices du mouvement One Health

Malgré ces évolutions, un cloisonnement entre médecine humaine et médecine vétérinaire se met alors en marche, et l'arrivée de cette nouvelle discipline accroît la compétition des uns et des autres pour le contrôle sur la recherche et la politique. L'investissement croissant des gouvernements en santé publique mène par ailleurs à la création de nouveaux postes au sein des ministères, dans lesquels les disciplines sont clairement séparées. Les facteurs environnementaux de la santé sont également mis de côté, en raison de la faible place que leur laisse la théorie des germes dans l'explication des maladies, et de l'absence d'un corps professionnel tâchant d'en faire valoir la pertinence[40].

L'évolution de ce nouveau cloisonnement entre les santés sera ambiguë au cours du xxe siècle. D'un côté, les divergences structurelles entre médecine humaine

40. L'écologie en tant que discipline à part entière n'existant pas à l'époque.

et médecine vétérinaire se creusent, à mesure que se distinguent leurs modes de financement, les statuts qu'elles accordent aux animaux, leurs instituts de recherche, ou encore les organisations internationales qui les représentent. De l'autre, des rapprochements s'opèrent grâce à certains individus et collectifs, comme les défenseurs de la médecine comparée, pour qui la recherche médicale doit s'intéresser à une grande diversité d'espèces, et non à une poignée d'animaux de laboratoire standardisés. Allant dans le sens d'un rapprochement des médecines vétérinaire et humaine, cette approche donnera naissance au mot d'ordre "One Medicine", précurseur de l'approche One Health. Quant au facteur environnemental, d'abord mis de côté en raison de l'essor des antibiotiques et des vaccins (qui laissent espérer une victoire définitive contre les maladies infectieuses), il est réhabilité vers la fin du siècle avec la résurgence et l'apparition de maladies comme le sida et Ebola, ainsi qu'avec l'étude des contextes coloniaux dans lesquels certaines maladies infectieuses historiques ont persisté.

La montée en puissance de l'approche One Health à l'aune du paradigme du développement

En janvier 1949, un célèbre discours du président des Etats-Unis Harry Truman proclame l'entrée du monde dans l'ère du "développement"[41]. Selon lui, les sociétés

41. Brunel, S. *Chapitre premier. La fin de l'idéologie du développement.* in: Le développement durable, Que Sais-je ?, 2018

dites “développées” ont la responsabilité d’accompagner le reste du monde dans leur marche vers le *progrès*[42]. Afin de remplir cet objectif, de nombreuses collaborations seront initiées entre des organisations internationales investies de missions thématiques. L’OMS, créée en 1948, travaillera ainsi étroitement avec la FAO et l’OMSA sur des questions de santé publique, comme la prévention des zoonoses et la sécurité alimentaire[43].

Ce n’est que dans les années 2000 que le terme “One Health” apparaît, principalement du fait de deux dynamiques croisées : d’un côté l’émergence, dans le domaine de la santé publique vétérinaire, du slogan “One Medicine, One Health”, qui prône une convergence des médecines humaine et vétérinaire. De l’autre, la naissance du groupe “One World, One Health”, qui rassemble un certain nombre d’acteurs et de programmes opérant dans le champ de ces deux santés, et des sciences de la vie et de l’environnement. En 2004, ces développements se rejoignent dans l’organisation, par la Wildlife Conservation Society, d’une série de rencontres transdisciplinaires[44] réunissant des

---

42. Staples, A. The Birth of Development : How the World Bank, *Food and Agriculture Organization, and World Health Organization Changed the World, 1945–1965*, Kent State University Press, 2006.

43. Bresalier, M. et al. *op cit.*

44. Transdisciplinarité : posture scientifique, épistémologique et intellectuelle qui vise à s’affranchir de tout cloisonnement disciplinaire pour appréhender un objet d’étude dans sa pleine complexité.

expert·es des trois santés. Celles-ci marquent le début de l'adoption définitive du concept par les organisations internationales, culminant en une déclaration commune d'intention de coopération par l'OMS, la FAO et l'OIE (OMSA) en 2008[45].

L'émergence de ce concept est donc étroitement liée au contexte international de la seconde moitié du XXe siècle, et notamment à la fondation du système des Nations Unies et des organisations internationales qui en découlent. Ces dernières entrent, dès leur création, dans une double dynamique de coopération-compétition : collaborant fréquemment dans une optique d'harmonisation des politiques sanitaires intergouvernementales, elles n'en sont pas moins en conflit quant à leur légitimité relative à répondre aux crises sanitaires mondiales[46], chacune mettant en avant la pertinence de son approche (la médecine humaine pour l'OMS, la médecine vétérinaire pour l'OIE/OMSA et l'alimentation pour la FAO). L'approche One Health, par ses dimensions intersectorielle et intégrée, servira de pacificateur entre ces organisations[47], jusqu'à la signature en 2010 d'un accord tripartite[48] "*pour le partage des responsabilités et la coordination des activités mondiales à l'interface*

45. *ibid.*

46. Gardon, S. *One Health saisi par les organisations internationales.* in : Sortir des crises : One Health en pratiques, Quae, 2022

47. *ibid.*

48. Alliance de la FAO, de l'OMS et de l'OMSA.

homme-animal-écosystèmes". Ce n'est qu'à la fin des années 2010 que la troisième santé, celle des écosystèmes, sera représentée au même titre que les deux autres, lors de l'ajout à la tripartite (devenant alors la "Tripartie +", ou Quadripartite) du Programme des Nations Unies pour l'Environnement (PNUE). Cette nouvelle collaboration sera officialisée lors du Forum de Paris sur la Paix de 2020, qui donnera naissance au One Health High Level expert Panel (OHHLEP) et à une première définition officielle et partagée du concept, présentée en introduction.

Cette histoire met en lumière la manière dont la porosité entre les trois santés a varié au cours du temps selon des facteurs multiples et complexes, dont découle la difficulté de tracer une histoire simple et linéaire des idées et pratiques préfigurant l'approche One Health. Plus encore, elle démontre qu'au-delà de la réalité scientifique derrière celle-ci, la définition de ce qu'est la santé et les manières de la pratiquer découlent de rapports de force entre des corps professionnels, des groupements d'intérêts ou encore des pays. Dès lors, il convient d'étudier cette approche non pas comme un simple outil scientifique et éducatif, mais comme une vision politique susceptible d'être appropriée de manières différentes, et parfois concurrentes, par des acteurs aux intérêts variés.

Ce constat appuie de nouveau la nécessité de clarifier ces différents usages possibles, et de tirer le fil des sociétés dont ils présagent.

Le nombre d'oiseaux sauvages est passé de 300 milliards en 1997 à 50 milliards en 2021, contre 30 milliards de poulets. Il y aura donc bientôt plus de volailles sur Terre que d'animaux sauvages.

Serge Morand, écologue

Partie 1 *Onehealth, comme santé décloisonnée*

Travailler ensemble pour mieux gérer les crises sanitaires

Dans cette partie, nous nous penchons sur la manière dont l'approche One Health est portée aujourd'hui par les institutions internationales, les politiques publiques et les professionnel·les des trois santés : des humains, des animaux et des écosystèmes. S'il apparaît que son application concrète a d'ores et déjà permis des avancées notables en termes de collaboration et de décloisonnement entre les disciplines, les acteurs et les secteurs, elle fait aujourd'hui face à de nombreux défis. En revenant sur les fondements et les ambitions de cette approche, et en interrogeant les acteurs qui la portent, nous dégagerons des pistes de réflexion pouvant permettre de relever ces derniers, et ainsi en faire l'approche globale, intégrée et unificatrice que ses défenseurs appellent de leurs vœux.

Dans les pages à venir :

2. **Décloisonner pour mieux soigner**
   Les mots d'ordre de One Health et les preuves que ça fonctionne.

3. **Un succès en trompe l'œil**
   La diffusion prometteuse mais encore insuffisante de l'approche.

1
Trois santés inter-connectées

À travers quelques cas concrets, tentons tout d'abord de mieux cerner les interconnexions entre les santés des humains, des animaux et des écosystèmes.

1.1. La vache, le vautour et l'enfant

Prenons le cas de l'Inde, où les bovins sont largement employés pour leur production de lait et de viande, ainsi que pour leur force motrice. Dans les années 1980, il était courant, lorsqu'un individu présentait des signes de fatigue, de lui faire ingérer du Diclofénac, un anti-inflammatoire lui permettant de travailler davantage sans s'épuiser. Comme ce dernier ne présente aucun risque de santé majeur pour les bovins, il fut massivement utilisé. Mais l'on ne tarda pas à se rendre compte que, contrairement aux bovins, les vautours sont très vulnérables face à ce produit, qui attaque leur foie et leurs reins; or, les carcasses de bovins représentent une bonne partie de leur alimentation. En conséquence, à mesure que les individus consommèrent les carcasses contaminées, les populations de vautour ont peu à peu disparu jusqu'à perdre 97% de leurs effectifs depuis le début des années 1990. À ce problème s'en ajouta un autre, autrement plus inquiétant pour les humains : les vautours constituant à l'époque la seule forme d'équarrissage[49] des carcasses de bovins, ces dernières commencèrent à s'accumuler, contaminant l'eau potable et entrainant la prolifération des chiens errants et des rats, eux aussi résistants au produit. Ces derniers, porteurs de la rage et proches des communautés humaines, causèrent une explosion de la maladie dans la région, et notamment chez les enfants, pour qui le bilan s'élève à 40 000 décès entre 1992 et 2007.

Pour répondre à cette situation, différentes solutions furent envisagées. L'une d'entre elles, coûteuse et technique, consista à vacciner les populations contre la rage, et à traiter individuellement les animaux malades. Permettant d'enrayer les contaminations, elle n'attaqua cependant pas le problème à sa source : l'utilisation de Diclofénac sur les bovins. C'est pourquoi le gouvernement indien, en parallèle de cette première stratégie, se résolut à interdir le produit en 2004[50]. Comme le résume Pascal Boireau, chercheur spécialisé en épidémiologie des maladies animales, "*dans le One Health il y a un plan organisationnel : si on s'arrête à l'homme on ne règle pas le problème à sa source.*"

49. Moyen par lequel les carcasses sont évacuées.

50. Avec des résultats toutefois mitigés, en raison de la persistance de son utilisation dans certaines régions.

Cette situation démontre bien les liens étroits qui lient les trois santés, et la nécessité d'adopter une approche multidisciplinaire pour les comprendre : en dégradant la santé d'une espèce animale (le vautour) par l'utilisation d'un produit toxique pour des raisons économiques, l'humain a déclenché un déséquilibre écologique, qui s'est répercuté en retour sur sa propre santé. Seule une approche tenant pleinement compte de cette complexité peut permettre de prévenir et traiter durablement de tels enjeux sanitaires.

1.2. Les risques de l'immunité antivirale

Un autre exemple, plus proche de nous chronologiquement, est celui de l'épidémie de variole du singe qui frappa l'Europe et l'Amérique du Nord en 2022. Essentiellement transmise par des écureuils arboricoles et autres petits rongeurs, et générant des symptômes proches de la variole (une forte fièvre et des éruptions cutanées), son émergence initiale dans les années 1980 est étroitement liée à la lutte contre cette dernière. En effet, comme l'explique Camille Besombes[51], médecin spécialiste en maladies infectieuses et tropicales, son éradication en 1979 grâce à la vaccination s'est traduite par un arrêt des campagnes de vaccination et a conduit à une baisse progressive de l'immunité contre ce type de virus. En parallèle

51. Besombes, C. *Animaux, environnement et humains : une seule santé*. Youtube.com, 2023

de ce processus, les socio-écosystèmes[52] africains furent profondément modifiés par trois dynamiques majeures : une forte déforestation, qui chassa les écureuils de leur milieu naturel ; la plantation de nombreux palmiers à huile dont ils affectionnent les fruits, conduisant à un accroissement rapide de leur population ; et une urbanisation importante, qui conduit au stockage de grandes quantités de nourriture, favorisant leur rapprochement des communautés humaines. Tous les ingrédients furent alors réunis pour qu'émerge une épidémie, face à laquelle les humains n'étaient plus immunisés.

Encore une fois, santé des écosystèmes, santé des animaux et santé des humains apparaissent comme clairement interconnectées : par la dégradation de milieux naturels conduisant à la prolifération d'espèces animales porteuses d'une maladie, l'humain, acteur de sa propre perte d'immunité face à cette dernière, a créé les conditions d'émergence d'une épidémie d'origine zoonotique.

1.3. Nourrir sans nuire

Un dernier exemple permettant de saisir les liens profonds entre les trois santés est celui de l'alimentation. En effet, l'agriculture est un moteur majeur

52. Systèmes complexes impliquant des composantes biophysiques (écologie, hydrologie, etc.) et des composantes sociétales (économie, politiques publiques, institutions, etc.) en interaction constante.

de l'émergence de maladies à l'échelle mondiale, et ce pour plusieurs raisons. Tout d'abord, celle-ci nécessite un vaste usage de terres, qui sont généralement acquises en rognant sur des espaces forestiers. Le contact avec la faune sauvage qu'ils abritent est alors accru, favorisant l'émergence de nouvelles maladies.

Ensuite, les pratiques agricoles dominantes impliquent une fragilisation de la biodiversité mondiale sur plusieurs fronts : via la destruction des habitats, via un recours massif à des produits biocides (insecticides, pesticides, fongicides...), ainsi que via la simplification drastique des espèces exploitées[53]. Ainsi, selon l'Office Français de la Biodiversité, sur les 30.000 espèces de plantes comestibles connues, seules trois (le maïs, le blé et le riz) fournissent près de 60% des ressources alimentaires quotidiennes. Quant à la production animale, une dizaine d'espèces seulement fournit la majorité de la viande, du lait et des œufs consommés mondialement.

Cette homogénéisation drastique de la biodiversité mondiale augmente la probabilité d'émergence d'épidémies via la perte d'effet dilution[54] : plus le nombre d'espèces est restreint, et plus le risque pour

53. On parle généralement de *monoculture* dans le cas des végétaux, mais ce procédé concerne aussi les animaux d'élevage.

54. Phénomène selon lequel un agent pathogène a moins de chance d'infecter un hôte sensible s'il évolue dans un milieu où la biodiversité est riche.

un agent pathogène de se propager entre elles, et pour un humain d'entrer en contact avec un individu contaminé, augmente. Par ailleurs, la concentration d'un grand nombre d'individus d'une même espèce dans un espace restreint, caractéristique des élevages industriels, recouvre un risque élevé de propagation d'agents pathogènes (peste porcine africaine, peste des petits ruminants, influenza aviaire...) susceptibles d'affecter à la fois la production alimentaire mondiale et les populations humaines[55].

Enfin, ces risques sont amplifiés par une économie mondialisée dans laquelle les aliments et leurs composantes traversent de très longues distances avant d'atterrir dans nos assiettes, multipliant les chances pour un agent pathogène de franchir de multiples frontières spécifiques (d'une espèce à une autre) et nationales. Comme le résume Elisabeth Claverie de Saint Martin, présidente-directrice générale du Cirad[56] : "*les santés des écosystèmes, des animaux et des êtres humains sont imbriquées, et l'agriculture et l'alimentation sont au cœur de leurs interactions. Notre santé est impactée par ce que nous mangeons ; elle dépend de celle de l'environnement et de la gestion durable de la biodiversité grâce à des systèmes agricoles et alimentaires adaptés. Production, alimentation, santé et biodiversité sont en connexion permanente,*

55. Voir encadré sur l'élevage intensif en Partie 3.

56. Centre de coopération internationale en recherche agronomique pour le développement.

et chaque composante doit être pensée dans ses inter-relations avec les autres."[57]

Ces différents cas d'étude révèlent bien la manière dont les trois santés sont inextricablement liées, ainsi que la complexité des paramètres socio-écologiques d'émergence et de transmission des maladies entre ces différentes populations. Comme l'explique Thierry Lefrançois, inspecteur en chef de la santé publique vétérinaire, "*on est en présence d'un système complexe dans lequel rentrent la biologie mais également les sciences humaines et sociales, qui permettent de comprendre (...) les modalités des contacts entre humains, animaux et environnement.*" Afin d'appréhender pleinement cette complexité, l'approche One Health se veut globale, intégrée et unificatrice. Penchons-nous maintenant sur ce que recouvrent précisément ces termes, et sur les différentes manières dont cette approche est aujourd'hui mise en œuvre.

57. Cirad, *Une seule santé, Maladies animales émergentes sous surveillance*, 2021, p.31

2
Décloisonner pour mieux soigner

À quelles pratiques dominantes, à quelles insuffisances répond l'approche One Health ? Pour répondre à cette question, il convient de regarder la manière dont sont traditionnellement gérées les crises sanitaires, avant d'étudier les transformations proposées par cette approche.

2.1. Biosécurité[58], contre-productivité ?

La récente crise du covid-19, qui paralysa l'économie mondiale durant plusieurs mois, fut révélatrice de la manière dont nos sociétés réagissent face à des urgences sanitaires de grande ampleur. Le premier point notable est que celle-ci fut dans un premier temps largement considérée comme un enjeu limité à l'espèce humaine, et ce malgré une origine zoonotique rapidement révélée. Muriel Vayssier-Taussat (microbiologiste), rapporte ainsi que "*malgré les différentes traces de transmission du virus entre l'homme et*

58. Ensemble des mesures préventives et réglementaires (de surveillance, de précaution et de contrôle) visant à réduire les risques de diffusion et transmission de maladies infectieuses.

l'animal (et réciproquement), on a beaucoup regardé le Covid du point de vue l'homme uniquement."

Ensuite, et de manière liée, les expertises mobilisées pour comprendre et sortir de la crise furent largement concentrées sur le secteur de la médecine humaine, avec une collaboration limitée avec d'autres disciplines. Thierry Lefrançois déplore ainsi que les vétérinaires n'ait été intégrés que tardivement dans le conseil scientifique chargé de formuler des recommandations de gestion et de sortie de crise[59], malgré leur expertise en ce qui concerne les dynamiques de transmission infectieuses à grande échelle: "*on ne peut pas dire que le comité scientifique était très multisectoriel (bien que multidisciplinaire). Personnellement j'étais le premier vétérinaire arrivé dans ce conseil principalement constitué de médecins, même s'il y eut une conscience progressive de la nécessité d'intégrer ces expertises.*"

En conséquence, les politiques mises en place ont été largement cantonnées à des mesures que Camille Besombes qualifie de *biosécuritaires*[60]. Ces méthodes, qui peuvent tantôt prendre la forme de confinements généralisés, tantôt d'abattages massifs d'animaux soupçonnés de contamination[61], ont pour point commun de

59. Le Conseil scientifique Covid-19, depuis devenu COVARS.

60. Besombes, C. *Réensauvagements : vers une conception écologique et relationnelle de la santé.* Terrestres, 2021

61. *La France a abattu un millier de visons porteurs de la COVID-19*, National Geographic, 2019

postuler la nécessité d'une séparation radicale entre le "sain" et le "malsain" ; à la fois entre les humains entre eux, et entre les humains et le reste du vivant. Par nature réactives, elles constituent pour Besombes une "*approche réductrice des conditions d'émergence*" des maladies, qui ignore à la fois la nécessité de maintenir des liens entre les différents organismes d'un écosystème, et d'étudier les paramètres socio-économiques qui influencent la survenue et la gravité des émergences infectieuses (comportements sociaux, préparation du système de santé, vulnérabilités préexistantes des populations, etc). La compréhension de l'ensemble de ces paramètres, qui nécessite la mobilisation de savoirs variés, est pourtant nécessaire à une réelle maîtrise de ces émergences. Comme le résume Muriel Vayssier-Taussat, "*pour traiter un problème, il faut le comprendre dans sa globalité.*" C'est ce que propose l'approche One Health, dont nous allons maintenant étudier les spécificités.

2.1. Faire tomber les barrières

La définition de l'approche One Health donnée en 2020 par la Quadripartite[62], retranscrite en introduction, met en avant la nécessité de considérer, dans la théorie comme dans les pratiques, les trois santés comme pleinement interdépendantes, la dégradation de l'une d'entre elles entraînant inévitablement la dégradation

62. OMS, FAO, OIE, PNUE

des deux autres. De ce constat découle la nécessité de faire dialoguer des disciplines généralement attentives à l'une des trois santés seulement (médecine humaine, médecine vétérinaire et écologie, mais également agronomie, sciences sociales, anthropologie...), qui se parlent d'ordinaire assez peu, et qui tendent à agir de façon cloisonnée à différents niveaux: formations spécialisées, méthodologies différentes, financements séparés, ministères distincts... En effet, comme en témoigne Muriel Vayssier-Taussat: "*dès Pasteur, on étudiait les modèles animaux, et les vaccins utilisés pour les animaux et les humains étaient les mêmes. En d'autres termes, les santés étaient moins cloisonnées. Aujourd'hui, à l'inverse, les ministères sont différents; les écoles vétérinaires dépendent du ministère de l'Agriculture, et ne rencontrent jamais les universités de médecine.*"En ce qu'elle vise à inverser cette tendance, l'approche One Health est définie comme "intégrée" et "unificatrice", deux termes signifiant une volonté de clore ces séparations pratiques, financières, administratives et culturelles.

> "L'approche One Health (...) a pour objectif d'hybrider les savoirs, les expertises et les leviers d'action, d'une manière qui permette de répondre à la complexité des enjeux de santé d'aujourd'hui."

Une ambition que détaille Thierry Lefrançois, pour qui les "*caractères indispensables à l'approche One Health*" sont au nombre de quatre.

Le premier est l'intersectorialité, qui renvoie selon la FNES[63] aux "*actions entreprises par d'autres secteurs que celui de la santé, en collaboration ou pas avec le secteur de la santé, qui visent des résultats de santé ou d'équité en santé.*" En somme, il s'agit de prendre acte du fait que ce qui relève aujourd'hui officiellement de la santé (pratiques médicales, ministère de la santé, sécurité sociale...) ne constitue en réalité qu'une partie de ce qui la détermine. En conséquence, l'intersectorialité appelle à ce que ce secteur fonctionne main dans la main avec d'autres, qui en sont à première vue distincts, comme l'environnement, l'agriculture, ou encore l'aménagement des territoires.

Le second est le caractère multi-acteurs, qui implique une collaboration entre les acteurs de la recherche et ceux de la décision publique, mais également avec le grand public, ainsi qu'avec des experts et praticiens d'autres disciplines. Lefrançois illustre cette nécessité par le cas de la brucellose, une maladie touchant l'ensemble des mammifères: "*si l'on se place au niveau d'un territoire, pour faire du One Health, on a par exemple besoin de décider s'il faut ou pas abattre les bouquetins dans les Alpes, parce qu'il transmettent la brucellose. Pour cela, il y a besoin de scientifiques de différents domaines (du côté de la maladie, du bien-être animal...), des acteurs du territoires (chasseurs, décideurs, gestionnaires de*

63. *La santé dans toutes les politiques: le défi de l'intersectorialité*, Fédération Nationale d'Education et de Promotion de la Santé, 2017

parcs), etc. Et dans tout ce monde, aucun n'a raison à priori." En somme, dans l'approche One Health, la santé n'est pas l'apanage de ses spécialistes, mais constitue un sujet démocratique devant mobiliser l'ensemble des citoyen·es.

Le troisième est la multidisciplinarité. Celle-ci correspond à la mobilisation de connaissances, de méthodologies, d'objets d'études, etc, provenant de disciplines variées, afin de répondre à des enjeux complexes d'une manière nouvelle. Celles-ci incluent les domaines les plus directement associés à la santé, mais s'étendent également au-delà : "*de la génétique à la génomique jusqu'à l'ensemble des sciences sociales – sociologie, anthropologie, économie – en passant par les sciences biologiques, l'épidémiologie, la virologie…*" Pour certain·es, la multidisciplinarité n'est qu'une modalité du décloisonnement entre les disciplines, et doit se combiner, selon le contexte, avec la transdisciplinarité, qui vise quant à elle la création de savoirs nouveaux, qui transcendent les barrières disciplinaires[64].

Enfin, le dernier caractère est celui du multi-échelles. Il reconnait que la santé ne se joue pas qu'à l'échelle nationale ou internationale, ni même locale, mais repose sur un dialogue constant entre ces différents niveaux d'action et de décision. Ainsi, si les

64. Ayral, F. *L'approche intégrée de la santé en pratique. Le cas de la leptospirose.* in : Sortir des crises, One Health en pratiques, Quae, 2022

institutions internationales ont défini le cadre théorique de l'approche One Health, il revient aux gouvernements de se l'approprier et d'en traduire les principes au sein de leurs politiques publiques, et aux territoires d'adapter ces dernières à leurs spécificités locales.

Ces différents paramètres montrent en quoi l'approche One Health constitue une approche *intégrée* de la santé : à rebours d'une tendance à la spécialisation et au cloisonnement, elle vise un dialogue constant entre les disciplines, les secteurs, les acteurs et les niveaux de décision. Ce faisant, elle a pour objectif d'hybrider les savoirs, les expertises et les leviers d'action, d'une manière qui permette de répondre à la complexité des enjeux de santé d'aujourd'hui. Etudions maintenant la manière dont ses principes ont été concrètement appliqués dans le cadre de sujets internationaux de santé publique.

2.3. One Health : les principaux chantiers internationaux

Lors de la constitution en 2010 de l'alliance One Health, officialisant la collaboration entre l'OIE/OMSA, la FAO et l'OMS, celles-ci s'accordent sur trois chantiers prioritaires : la lutte contre la rage, celle contre l'antibiorésistance[65], et celle contre la grippe aviaire. Dressons un état des lieux de l'avancée de ces derniers,

65. Capacité d'une bactérie à résister à l'action d'un antibiotique.

afin de mieux saisir l'intérêt de l'approche One Health par rapport aux approches classiques.

a. La lutte contre la grippe aviaire[66]

En 1997, un virus nouveau, la grippe aviaire, infecte 5 000 volailles et 18 personnes à Hong Kong. Six de ces personnes décèdent. S'enclenche alors une mobilisation mondiale contre une potentielle pandémie, dont certains modèles estiment le nombre de victimes possibles à plus de 60 millions.

Les premières réactions sont d'ordre biosécuritaire : plus d'1,5 millions de volailles sont abattues, et le virus est provisoirement éradiqué. Mais il continue en réalité de circuler, et réapparaît régulièrement, comme à Hong Kong, en 1999, où il tue deux enfants. 1 million de volailles supplémentaires sont abattues. Loin de disparaître, il se propage alors dans toute l'Asie à partir de 2003, puis dans le reste du monde à partir de 2005. Malgré une faible contamination humaine, sa forte létalité (359 décès sur 659 cas humains dénombrés par l'OMS en 2012), sa capacité de mutation, et sa diffusion rapide conduisent les gouvernements et les organisations internationales à se mobiliser massivement pour contenir le risque pandémique.

Au fil du temps, les collaborations entre les disciplines et les niveaux d'interventions vont se multiplier

66. Keck, F. *Santé animale et santé globale : la grippe aviaire en Asie*, Revue Tiers-Monde, 2013

afin de faire face à cette situation. Si les vétérinaires et les médecins sont impliqués dès le début dans la surveillance de l'évolution de la maladie, ils seront rejoints par des associations de protection de la faune sauvage, comme Birdlife International, et de défense de l'élevage traditionnel, à l'image de GRAIN. Fait nouveau, la Wildlife Conservation Society proposera même de surveiller les oiseaux sauvages (et pas seulement d'élevage), afin de détecter à l'avance les menaces pour la santé humaine. Selon Frédéric Keck, c'est cette intégration de la faune sauvage dans les programmes de santé globale qui permettra de changer leur finalité : d'outils d'imposition de mesures biosécuritaires à l'échelle locale, ils deviennent des lieux de coordination transdisciplinaire des réseaux de surveillance mondiaux. C'est pourquoi, selon lui, *"l'apparition [de l'approche One Health] dans les institutions internationales est indissociable de l'émergence de la grippe aviaire en Asie et dans le reste du monde."*

Cette vision prédomine encore aujourd'hui, à l'heure où la grippe aviaire refait surface en France[67]. Afin d'endiguer cette possible pandémie, les membres du Comité de veille et d'anticipation des risques sanitaires (COVARS) ont ainsi rappelé l'importance de collaborer à l'échelle Européenne et internationale, et ce à tous les niveaux de la surveillance (dans les

67. *Influenza aviaire : la situation en France*, Ministère de l'Agriculture, 2024.

élevages, aux interfaces entre oiseaux domestiques et oiseaux sauvages, et chez les humains)[68].

b. La lutte contre la rage

La rage est une maladie ancienne, qui touche l'ensemble des mammifères. Généralement transmise du chien à l'homme via la salive lors d'une morsure, elle est mortelle dans la quasi-totalité des cas après l'apparition des symptômes. Bien qu'un traitement permettant de prévenir son apparition existe (la prophylaxie postexposition, ou PPE), près de 60 000 personnes décèdent de la maladie chaque année (dont la moitié sont des enfants de moins de 15 ans)[69].

Il est désormais largement admis que la méthode la moins coûteuse et la plus sûre de réduire globalement les cas de rage réside dans la vaccination à grande échelle des chiens susceptibles d'en être affectés. Or, selon Monique Léchenne, son application sur le terrain est souvent limitée par un certain nombre de facteurs : manque d'investissements, difficultés à maintenir une couverture vaccinale suffisante dans des zones aux populations canines peu contrôlées, faible accessibilité aux vaccins pour les communautés isolées et marginalisées, surveillance très faible ou inexistante dans

68. *L'approche One Health pour prévenir le risque d'épidémie de grippe aviaire*, Cirad, 2023.

69. *Rage : le Cirad et les Instituts Pasteur, une alliance One Health visant l'objectif « Zero by 30 »*, Cirad, 2023

de nombreuses régions… En conséquence, la PPE est souvent utilisée de manière massive et préventive. Ainsi, comme le rapporte Lechenne, "*une récente étude en Tanzanie a montré que seul 1 % de l'ensemble des PPE sont administrées à des personnes ayant réellement été exposées.*[70]" Cependant, selon elle, cette méthode ne permet pas d'attaquer le problème à sa source : "*seule une intervention au niveau de l'hôte réservoir peut conduire à une élimination de la rage canine.*"

Pour ce faire, l'application des principes de l'approche One Health se révèle nécessaire. Tout d'abord, par une fusion des bases de données vétérinaires et humaines concernant les cas de rage, qui "*améliorerait de manière significative la communication avec les dirigeants sur les différents niveaux nationaux et internationaux.*" Ensuite, par une étroite communication entre les professionnels de la santé humaine et animale (y compris les spécialistes de la faune sauvage), qui permettrait "*d'éviter l'administration inutile et coûteuse d'une PPE à la suite d'une morsure d'un animal inconnu et en raison d'une situation épidémiologique incertaine dans une région.*" Enfin, par l'étude des déterminants non seulement écologiques, mais également sociaux de la transmission : fonctionnement des systèmes de santé, comportement des propriétaires de chiens… Ainsi, pour Léchenne, "*les parties prenantes, y compris les*

70. Léchenne, M. et al, Chapitre 16 – Lutte intégrée contre la rage. in : One health, une seule santé, Quae, 2021.

propriétaires de chiens, les autorités municipales, le personnel de santé humaine et animale de la communauté, doivent être impliqués dans le processus de planification des interventions."

La combinaison de ces mesures, couplées à un financement adéquat, serait ainsi plus à même de conduire à l'éradication durable de la maladie que l'approche curative, et centrée sur la santé humaine, en laquelle consiste l'administration préventive de PPE. Cet enjeu du financement reste cependant problématique, notamment en raison de la priorisation d'autres maladies, comme le VIH, le paludisme ou la grippe aviaire. Pour Léchenne, cette situation illustre les injustices qui existent en termes d'investissements entre les zoonoses émergentes (perçues comme une menace pour les pays à revenu élevé) et les zoonoses endémiques (touchant principalement les communautés à faible revenu). À ce titre, il est à espérer que le plan stratégique mondial « Zéro d'ici 2030 » lancé par l'OMS, l'OIE, la FAO et le GARC[71], et visant à favoriser les collaborations entre les disciplines à différentes échelles et à toutes les étapes de la lutte, permette d'améliorer cette situation.

c. La lutte contre l'antibiorésistance[72]

Les antibiotiques sont des molécules synthétisées naturellement ou chimiquement afin de combattre

71. Alliance mondiale pour la lutte contre la rage.

72. Capacité d'une bactérie à résister à l'action d'un antibiotique.

certaines bactéries responsables de maladies. Leur grande efficacité a conduit à une utilisation massive depuis leur découverte, dont une conséquence négative fut l'adaptation progressive des bactéries visées, menant peu au déclin de leurs effets. Mis en évidence à partir des années 1950, ce phénomène d'antibiorésistance est devenu ces dernières années un enjeu de santé publique majeur. Il est aujourd'hui responsable de près de 700.000 décès par an, et selon l'OMS, la totalité des antibiotiques pourrait être rendue complètement inefficace d'ici 2050.

Toujours selon l'OMS, la source de l'antibiorésistance est à trouver essentiellement dans leur mauvais usage, soit via une surutilisation faute d'accès à des traitements appropriés, soit via une sous-utilisation faute de moyens financiers pour achever les traitements[73]. Les élevages, notamment intensifs, sont un lieu central de ces mésusages : les antibiotiques y sont utilisés sur les animaux à des fins thérapeutiques, mais également afin de favoriser la croissance du bétail. L'Inserm rapporte ainsi que "*plus de la moitié des antibiotiques produits dans le monde sont destinés aux animaux.*"[74] De ces pratiques résultent des rejets massifs d'antibiotiques dans les cours d'eau, les nappes phréatiques, et in fine, les écosystèmes. On estime ainsi qu'à Paris, un litre d'eau usée contient entre 40

73. OMS, *Stratégie mondiale OMS pour la maîtrise de la résistance aux antimicrobiens*, 2001.

74. *Résistance aux antibiotiques : un phénomène massif et préoccupant*, Inserm, 2018

et 100 mg de bactéries, dont 30 à 50% sont résistantes aux antibiotiques[75].

Comme l'explique Claire Harpet, l'antibiorésistance fut longtemps considérée comme un fait essentiellement biologique. De ce fait, les réponses proposées se sont largement cantonnées à la conception de produits toujours plus puissants, dans une course sans fin contre les capacités d'adaptation du vivant. Peu à peu, vétérinaires, médecins, puis écologues ont été amenés à collaborer, afin de comprendre au mieux les conditions du développement de l'antibiorésistance au sein de leurs milieux d'étude respectifs : les animaux, les humains et l'environnement. Mais pour Claire Harpet, comprendre ces conditions dans toute leur complexité nécessite d'impliquer des disciplines au-delà des seules sciences dites "dures", en intégrant notamment les sciences sociales. En effet, selon elle, l'antibiorésistance constitue un "fait social total", au sens où il ne peut être compris que comme la résultante d'une organisation économique et sociale particulière ; en l'occurrence, une société dans laquelle le recours aux antibiotiques, dans le domaine privé comme dans l'agro-industrie, est abusif.

Lutter contre ce problème nécessite dès lors de chercher des leviers d'action qui ne relèvent pas seulement de la réponse scientifique, mais également

75. Ministère de la Santé, *Une seule santé : l'antibiorésistance concerne les hommes mais aussi les animaux et l'environnement*, 2023

économique et politique. C'est en ce sens que travaille un secrétariat conjoint mis en place par l'alliance Quadripartie et hébergé par l'OMS, dont le rôle est de "*favoriser la mobilisation multisectorielle contre la résistance aux antimicrobiens*" dans le cadre de son Plan d'Action Mondial[76]. Plus récemment, une nouvelle instance internationale intégrant les principes One Health a également été créée par la quadripartite[77] : le "Groupe de direction mondial sur la résistance aux antimicrobiens", dont l'objectif est notamment de favoriser les collaborations politiques internationales[78]. Au-delà de l'encadrement des pratiques d'administration de produits antibiotiques, ces programmes oeuvrent ainsi à une sortie progressive de leur utilisation. En témoignent certaines préconisations du Groupe de direction mondial, comme celle de "*réduire de manière générale le besoin de médicaments antimicrobiens en améliorant la prévention et la maîtrise des infections, l'hygiène, la biosécurité*[79] *et les programmes de vaccination dans l'agriculture et l'aquaculture*"[80].

---

76. *Résistance aux antimicrobiens*, OMS, 2021

77. Alliance de la FAO, de l'OMS, de l'OMSA et du PNUE.

78. Quesne, A. *L'antibiorésistance et le concept « One Health »*, Hypothèses, 2023.

79. Ensemble des mesures préventives et réglementaires (de surveillance, de précaution et de contrôle) visant à réduire les risques de diffusion et transmission de maladies infectieuses.

80. *Des dirigeants mondiaux et des experts appellent à une réduction significative de l'utilisation des médicaments antimicrobiens dans les systèmes alimentaires mondiaux*, OMS, 2021

En somme, l'approche One Health apparaît donc comme une proposition opérationnelle permettant de dépasser les écueils de la gestion classique des crises sanitaires : en lieu et place de pratiques réactives, monodisciplinaires et prenant avant tout en compte la santé des humains, elle permet de penser les émergences infectieuses dans toute leur complexité par une mobilisation décloisonnée des expertises. Transcendant les séparations entre les disciplines (entre les sciences "dures" mais également humaines et sociales) et entre les acteurs à toutes les échelles, elle permet de traiter les enjeux de santé à leur source en analysant l'ensemble de leurs paramètres socio-économiques et écologiques. Mais au-delà de la théorie et des chantiers internationaux, comment cette approche est-elle aujourd'hui appropriée par les acteurs à qui elle s'adresse ? C'est ce que nous allons maintenant voir, à travers une analyse des avancées qu'elle a permis, et des défis qui lui restent aujourd'hui à relever.

Entretien avec **Muriel Vayssier-Taussat**

Muriel Vayssier-Taussat est microbiologiste, chercheuse au service de la santé humaine et animale, cheffe du département de la santé animale de l'INRAE. Elle est spécialiste de la question de la transmission d'agents pathogènes par les tiques.

Bonjour et merci pour cette rencontre. Pour débuter, pouvez-vous nous décrire l'objet de vos travaux et leurs connexions avec le concept One Health ?

En tant que microbiologiste, j'ai travaillé sur un certain nombre de micro-organismes (bactéries, parasites, virus...). Depuis les années 2000, je tente de comprendre comment certaines bactéries peuvent infecter certains hôtes mammifères et pas d'autres. Progressivement, j'ai réalisé qu'étudier ce problème (la spécificité d'hôte) de façon très spécialisée, par l'angle unique de la microbiologie, n'était pas suffisant, et qu'il était nécessaire d'enrichir la recherche avec des disciplines complémentaires. Pour comprendre les maladies transmises par les tiques, il faut en effet s'intéresser aux humains, mais aussi aux animaux, et à l'écosystème dans lequel elles et ils vivent. Il faut tenir compte des saisons, des changements globaux... Ce changement de perspective, c'est bien l'idée du

One Health, et c'est dans ce sens que j'ai orienté mes travaux de recherche par la suite. Avec des médecins, des vétérinaires, mais aussi des écologues et des personnes de la société civile, nous avons ainsi proposé un grand projet à l'Agence Nationale de la Recherche pour améliorer nos connaissances sur cette question.

Malheureusement, monter ce genre de projet est très compliqué car nous parlons des langues différentes, nos organismes appartiennent à des ministères différents,… En un mot, tout est trop cloisonné. Après ce projet, en 2017, je suis devenue la responsable du département santé animale de l'INRAE. Dans tous nos travaux, nous tâchons d'avoir une vision globale, et de lier la santé animale à ce que nous observons aussi chez les humains et dans l'environnement. Le Covid a d'ailleurs bien illustré la nécessité de lier ces différentes santés. À ce titre, j'ai fait partie d'un comité spécialisé dépendant des ministères de la santé et de la recherche. Il était très significatif de constater que parmi les 12 membres de ce comité, j'étais la seule personne à étudier la santé animale. Malgré les différentes traces de transmission du virus entre l'homme et l'animal (et réciproquement), on a beaucoup regardé le Covid du point de vue l'homme uniquement.

Revenons sur le projet multidisciplinaire que vous avez mené sur les tiques. Qu'est-ce qu'un tel dispositif vous a appris ?

Mobiliser autant d'horizons différents nous a apporté une richesse incroyable de connaissances, de questions nouvelles que nous n'avions pas anticipées. Chacun amène une vision, un savoir-faire. C'est beaucoup plus riche qu'une recherche faite en mono-disciplinarité. Pour faire encore mieux, et pour faire de ce projet un véritable projet One Health, il aurait fallu impliquer encore davantage les citoyens, et que la recherche ne se fasse pas sans les associations, les éleveurs, les élus, etc. C'est une condition à ce que les résultats de la recherche puissent ensuite être mobilisés et utilisés par les pouvoirs publics, sur le terrain.

Revenons maintenant au concept One Health dans sa globalité. Pouvez-vous nous dire pourquoi ce concept est aussi important, d'autant plus aujourd'hui, dans un contexte comme l'Anthropocène[81] *?*

Déjà, il faut bien saisir que ce concept est très contemporain mais il n'est pas nouveau. Dès Pasteur, on étudiait les modèles animaux, et les vaccins utilisés pour les animaux et les humains étaient les mêmes. En d'autres termes, les santés étaient moins cloisonnées. Aujourd'hui, à l'inverse, les ministères sont différents ; les écoles vétérinaires dépendent du ministère de l'Agriculture, et ne rencontrent jamais les universités de médecine. Pourtant, tout est lié. Par exemple, les

81. Terme proposé par les scientifiques Eugene Stoermer et Paul Crutzen pour désigner une nouvelle période géologique, caractérisée par l'avènement des activités humaines comme force de déstabilisation majeure du système Terre.

pollutions de l'air ou de l'eau ont des effets sur les hommes, sur les animaux, sur les sols…

De la même façon, pour penser l'antibio-résistance, il faut étudier l'ensemble des interactions entre les humains, les animaux, les milieux aquatiques… Bref, pour traiter un problème, il faut le comprendre dans sa globalité. Et pour le résoudre, il faut que les résultats de la recherche puissent être utilisés par les pouvoirs publics.

Aujourd'hui, quel état des lieux pouvons-nous faire de la santé globale ?
Comment la mesurer et plus particulièrement, comment mesurer la santé animale ?

Certains systèmes de surveillance existent en France et au niveau international. Par exemple, nous disposons d'une plateforme d'épidémio-surveillance qui surveille une vingtaine de maladies animales et qui permet d'avoir un état de la santé globale animale. Il faudrait maintenant pouvoir relier cela à la santé des humains et de l'environnement pour avoir une idée de l'état de santé globale.

C'est un sujet complexe, d'autant plus que notre environnement de risque change sans arrêt. Le dérèglement climatique a un effet sur certaines maladies ; les transitions agro-écologiques vont diminuer certains risques et certaines maladies de production mais en créer de nouveaux car il y aura davantage d'animaux dehors ; des animaux développent des résistances à certains parasites... Il faut tenter d'anticiper ces évolutions et leurs effets. En outre, ce sujet ne s'arrête pas aux maladies infectieuses : il faut aussi considérer les maladies chroniques, de l'alimentation, les cancers liés aux expositions multiples... Si on compare notre situation à celle de plusieurs siècles auparavant, nous sommes indéniablement en meilleure santé. Mais aujourd'hui, nous atteignons une forme de plateau et les événements nous invitent à ne pas tomber dans l'euphorie et à relativiser l'idée d'un progrès sans fin.

Dans une tribune que vous avez co-signée dans le Monde, vous proposez "d'institutionnaliser" le concept One Health. Pouvez-vous nous en dire plus ?

Il faut des endroits qui appliquent de façon tangible le concept One Health. Par exemple, des écoles universitaires de recherche One Health, des cadres réglementaires qui facilitent les collaborations entre médecins et vétérinaires, des coopérations interministérielles (entre les ministères de la santé, de l'écologie et de l'agriculture), voire un ministère dédié. Au niveau local également, des projets régionaux doivent naître et faire évoluer les choses sur des questions particulières de santé de certains territoires. Pour devenir opérationnel, le concept doit être décliné à toutes les échelles.

3
Un succès en trompe-l'oeil ?

Ces dernières années, l'approche One Health a connu une propagation fulgurante au sein des institutions politiques et académiques. Désormais largement citée au sein de documents officiels, stratégies nationales et travaux de recherche, elle semble s'imposer peu à peu comme un horizon incontournable des politiques et des pratiques de santé. Cependant, malgré des avancées certaines, de nombreux obstacles se dressent encore aujourd'hui en travers de la pleine réalisation de ses ambitions. En effet, comme le déplore la quadripartite[82] dans son Plan d'Action 2022-2026, "*de nombreux problèmes techniques et institutionnels, ainsi qu'en matière de coordination et de collaboration, entravent la mise en œuvre efficace de l'approche « Une seule santé » aux niveaux mondial, national et infranational.*"[83]. Dressons un état des lieux des avancées de cette approche, et des obstacles qu'il lui reste encore à surmonter pour atteindre pleinement ses ambitions.

82. Alliance de la FAO, de l'OMS, de l'OMSA et du PNUE.

83. FAO, PNUE, OMS, OMSA, Plan d'action conjoint "Une seule santé" (2022-2026), 2023

3.1. Une large diffusion institutionnelle

Que ce soit au niveau des politiques publiques, de la recherche académique ou des formations, l'approche One Health fédère aujourd'hui largement autour de ses principes.

a. Une popularisation rapide dans les politiques publiques

Depuis sa popularisation au début des années 2000 et encore plus depuis sa promotion par la Tripartite[84] en 2010, l'approche a connu un large écho dans les milieux politiques, des institutions internationales aux politiques publiques françaises.

Au niveau des institutions internationales[85], nombre de programmes ont été pensés pour permettre de répondre aux trois axes prioritaires définis par la tripartite : la rage, la grippe aviaire et l'antibiorésistance. Le *Global Early Warning System* (GLEWS+), par exemple, vise à percevoir les risques d'émergence de maladies animales (y compris zoonotiques) afin de lancer des alertes et de mettre en place des mesures préventives et de contrôle le plus en amont possible. Le *réseau mondial d'expertise de l'OIE et de la FAO*

84. Alliance de la FAO, de l'OMS et de l'OMSA.

85. Gardon, S. One Health saisi par les organisations internationales. in : Sortir des crises : One Health en pratiques, Quae, 2022 ; A.L. Parodi, *Le concept « One Health », une seule santé : réalité et perspectives*, Bulletin de l'Académie Nationale de Médecine, 2021

sur les grippes animales (OFFLU), quant à lui, structure les collaborations entre médecins et vétérinaires à l'échelle internationale afin d'anticiper et limiter les conséquences des épidémies de grippes animales. L'OMS coordonne également le *Global Outbreak Alert and Response Network* (GOARN), un réseau de 120 pays dont l'objectif est l'identification rapide, la confirmation et la mise en œuvre de moyens de contrôle d'événements épidémiques, et qui fut notoirement mobilisé lors de l'épidémie de grippe aviaire de 2005. Plus récemment, le *programme conjoint européen* (EJP) One Health, coordonné par l'ANSES et réunissant 22 pays de l'Union, a été lancé afin d'améliorer les connaissances dans la lutte contre les épidémies d'origine alimentaire en Europe. Enfin, l'initiative PREZODE, lancée sous l'égide de la France lors du One Planet Summit de 2021, combine des projets de recherche et d'action opérationnelle dans l'objectif de prévenir les risques d'émergences zoonotiques et de pandémie à l'échelle mondiale.

À l'échelle française, les initiatives estampillées One Health se sont également multipliées ces dernières années. Le plan *EcoAntibio*, lancé en 2012, en est une : dans la continuité de la priorité donnée à la lutte contre l'antibiorésistance, le ministère en charge de l'agriculture a mis en place ce plan quinquennal dans l'objectif de diminuer de 25% l'usage des antibiotiques, notamment via des actions de sensibilisation, d'encadrement des pratiques et de développement d'alternatives. Celui-ci a depuis été renouvelé, et en est aujourd'hui à sa troisième version (2023-2028). Le Plan National

Santé Environnement (PNSE) en est une autre : publié tous les cinq ans depuis 2004, celui-ci vise à réduire l'impact de l'environnement (pollutions, chaleur, climat...) sur la santé, à améliorer la prise en compte des interactions santé-environnement à toutes les échelles du territoire, et à développer des programmes de recherche structurés autour de ces thématiques[86]. Divers plans gouvernementaux intègrent aussi pleinement ou partiellement les principes One Health. C'est le cas de la Stratégie Nationale Biodiversité 2030, du plan Ecophyto 2030 (qui vise à réduire l'usage de pesticides, sur le modèle du plan EcoAntibio), ou encore de la Stratégie d'Accélération "Maladies Infectieuses Émergentes", qui font toutes trois partie du plan d'investissement France 2030. Ces initiatives se répercutent également au niveau régional, par exemple au sein des Plans Régionaux Santé Environnement, déclinaisons des PNSE, ou encore des Domaines d'Intérêts Majeurs sélectionnés par la Région Ile-de-France, programmes de recherche prioritaires dont la thématique One Health fait partie depuis 2017.

Cet engouement pour l'approche One Health au niveau institutionnel s'est traduit par une évolution progressive des pratiques professionnelles. Celle-ci s'observe en particulier au niveau de la recherche académique, où la nécessité d'un décloisonnement est devenue une évidence et un objectif central.

86. *Le plan national santé environnement (PNSE)*, Ministère de la Transition Écologique, 2023

b. Une avancée significative pour la recherche en santé

Pour Camille Besombes, l'intégration progressive des principes de l'approche One Health au sein des pratiques et de la recherche en santé a d'ores et déjà eu un effet positif indéniable. Elle souligne ses capacités à favoriser le dialogue entre les disciplines, ainsi que la prise en compte élargie de la complexité des paramètres d'émergence des épidémies[87]. Serge Morand et ses collègues abondent en ce sens, relevant également la capacité de l'approche à faire émerger de nouveaux sujets de recherche[88].

En témoigne l'expérience de Muriel Vayssier-Taussat[89], qui relate, dans le cadre d'un projet de recherche sur les maladies transmises par les tiques, l'apport précieux de sa dimension multidisciplinaire : "*mobiliser autant d'horizons différents nous a apporté une richesse incroyable de connaissances, de questions nouvelles que nous n'avions pas anticipées. Chacun amène une vision, un savoir-faire. C'est beaucoup plus riche qu'une recherche faite en monodisciplinarité.*" Selon elle, la monodisciplinarité ne permet pas de traiter les enjeux complexes qui sont

87. Besombes, C. Animaux, *environnement et humains : une seule santé*, Youtube.com, 2023

88. Morand, S. et al., De One Health à Ecohealth, *cartographie du chantier inachevé de l'intégration des santés humaine, animale et environnementale*, IDDRI (2020)

89. Entretien donné à sinonvirgule.

au cœur de ses recherches : “*depuis les années 2000, je travaille sur les agents pathogènes transmis par les tiques. (...) Progressivement, j'ai réalisé qu'étudier ce problème de façon très spécialisée, par l'angle unique de la microbiologie, n'était pas suffisant, et qu'il était nécessaire d'enrichir la recherche avec des disciplines complémentaires.*” Plus largement, c'est toute la complexité à laquelle appelle l'approche One Health qui se révèle, selon elle, indispensable à la formation de connaissances solides : “*pour comprendre les maladies transmises par les tiques, il faut en effet s'intéresser aux humains, mais aussi aux animaux, et à l'écosystème dans lequel elles et ils vivent. Il faut tenir compte des saisons, des changements globaux... Ce changement de perspective, c'est bien l'idée du One Health.*”

L'une des manières de franchir cet obstacle réside en une évolution des formations préparant les futurs professionnels à ce type de recherches.

c. De nouvelles formations expérimentales

À mesure que s'est popularisée l'approche One Health, les lieux de formation des trois santés ont peu à peu intégré ses principes, afin de donner à ces derniers les outils conceptuels et techniques pour répondre à ses exigences. Cette intégration s'est faite de trois manières.

Tout d'abord, via une intégration progressive dans les troncs communs de cursus déjà existants. Ainsi, le sujet semble de plus en plus présent dans les cours des troncs communs d'écoles vétérinaire, d'agronomie et, dans une moindre mesure, de médecine humaine.

Ensuite, via la création de parcours spécialisés au sein de cursus existants, où sont croisés les enseignements de disciplines habituellement séparées. C'est par exemple le cas du Master 2 "Epidémiologie et Surveillance des Maladies Infectieuses Humaines et Animales" de l'Ecole Nationale Vétérinaire d'Alfort (EnvA), qui allie des enseignements en santés humaine et animale afin d'outiller les étudiant·es face à l'émergence d'épidémies. Le Master « Politiques de l'Alimentation et Gestion des Risques Sanitaires » (PAGERS), réparti entre les écoles VetAgroSup et Sciences Po Lyon, propose quant à lui une formation aux questions de santé publique (définie comme intégrant les enjeux des trois santés) via les outils de la sociologie politique.

Enfin, via la création de nouvelles offres de formation pleinement dédiées à cette approche, comme le Master "One Health: Managing Health of Populations" et le Diplôme d'Établissement "One Health en Pratiques" de VetAgroSup, la Graduate School "One Health-Emerging Infectious Diseases" d'Université Paris Cité, le master "One Health-Emerge" de VetAgroBio Nantes, ou encore le parcours "Infectious Diseases and One Health" de l'Université de Tours. Par ailleurs, au-delà de ces nouvelles offres de formation spécialisées, une nouvelle institution dédiée à l'approche One Health a également vu le jour: "L'Institut One Health", porté par l'EnvA, VetAgroSup et AgroParisTech, a ainsi ouvert ses portes le 20 octobre 2023, et a pour vocation d'hybrider les connaissances et les compétences des différents métiers liés aux trois santés, tout en constituant un appui à la décision politique.

Si cette multiplication des formations estampillées One Health est encourageante, leur apparition est encore trop récente pour présager de leur impact réel sur les pratiques de santé. Pour l'heure, la familiarité des étudiant·es avec le concept, tout comme le décloisonnement effectif des disciplines au sein des lieux de formation, semble être à géométrie variable selon la spécialité et l'institution. C'est ce que nous avons pu constater lors d'une enquête menée auprès d'étudiant·es et de responsables de formations variées.

Enquête auprès des lieux de formation en santé

– *médecine*
– *vétérinaire*
– *agronomie*

Au cours de l'année 2023, nous avons mené une enquête auprès de lieux de formation en santé pour comprendre les conceptions de la santé qui y prévalent. Cette enquête a pris plusieurs formes : des visites de terrain, des entretiens avec des étudiant·es, la circulation d'un questionnaire auprès d'étudiant·es, et une série d'entretiens avec des responsables de formation. Nous avons ainsi interrogé des étudiant·es de 5 écoles d'agronomie, 2 écoles vétérinaires et 3 écoles de médecine (pour un total de 160 réponses) quant à leur familiarité avec l'approche One Health, la place qu'elle occupe dans leurs cours, et leur capacité à en projeter l'application dans leur future pratique professionnelle.

Si cette enquête n'a pas de valeur scientifique, elle semble conforter l'idée, rapportée par certains expert·es que nous avons rencontré·es, que si l'approche One Health est de plus en plus présente dans les institutions et le monde académique, elle l'est encore souvent de manière parcellaire, et peine à trouver un écho réel dans les pratiques professionnelles. En effet, les résultats suggèrent la présence de visions différentes de la santé selon les spécialités : alors qu'elle semble relativement décloisonnée chez les vétérinaires, qui sont notamment invité·es à penser les enjeux de comportements populationnels, de bien-être animal et de santé publique en vue de leur future pratique professionnelle, les étudiant·es en médecine humaine semblent globalement cantonné·es à sa dimension physique et (logiquement) humaine. Les agronomes semblent quant à eux constituer un entre-deux, tissant des liens entre les trois santés et étendant la conception de celles-ci aux dimensions mentale et sociale, sans être systématiquement formé·es à en tirer des conséquences pour leur futur métier.

Des entretiens menés avec des responsables de formations en santé inspirées de l'approche One Health permettent de préciser cette vision du paysage des formations en santé en France. Ainsi, selon Julie Rivière, responsable du Master 2 "Epidémiologie et Surveillance des Maladies Infectieuses Humaines et Animales" de l'EnvA, une telle formation, ouverte à la fois aux médecins, vétérinaires, infirmier·es, pharmacien·es et agronomes, est encore rare dans le paysage éducatif français en santé. Elle décrit notamment la difficulté des étudiant·es à entrer dans une démarche réellement interdisciplinaire[90], cette diversité de

90. Interdisciplinarité : appréhension d'un objet d'étude par l'intégration, à toutes les étapes de la recherche, de méthodes issues de disciplines multiples.

parcours et de compétences étant parfois plutôt source de conflits que de collaborations fructueuses. Par ailleurs, bien que le Master soit pionnier dans l'enseignement supérieur par son approche décloisonnée de la santé, la santé végétale en est virtuellement absente, l'environnement étant surtout abordé en tant que "*facteur incontournable à prendre en compte pour traiter des santés humaine et animale, et non pas en du vivant à part entière dont on devrait également mesurer la santé.*" Cette dernière remarque semble confirmer le constat que la dimension environnementale peine encore à trouver sa place dans les initiatives One Health, historiquement portées par des médecins et vétérinaires, y compris au sein des nouvelles formations.

Pour Gwenola Le Naour, responsable du master « Politiques de l'Alimentation et Gestion des Risques Sanitaires » (PAGERS) de VetAgroSup et Sciences Po Lyon, il y a également un enjeu pressant à inclure la dimension sociale aux visions de la santé enseignées dans les écoles. Ainsi, les formations en santé mettent selon elle trop l'accent sur la responsabilité individuelle (via la consommation, le mode de vie...), et trop peu sur les déterminants sociaux de la santé (niveau de vie, inégalités...). Selon elle, il faut donc repenser les formations en médecine pour y intégrer des dimensions psychologiques et anthropologiques encore trop peu présentes aujourd'hui.

Ces résultats confirment le constat de Delphine Destoumieux-Garzón, spécialiste des interactions hôtes-pathogènes, et ses collègues, pour qui il semble crucial de soutenir la diffusion et le renforcement de nouvelles formations décloisonnées, à même de favoriser l'application de l'approche One Health dans la recherche et les pratiques de santé. Un mouvement qui doit s'accompagner d'une coopération scientifique accrue, via le développement de réseaux nationaux et internationaux de recherche collaborative[91]. Florence Nicolè, biologiste de la conservation, défend quant à elle la nécessité d'opérer un tel décloisonnement le plus tôt possible dans les parcours éducatifs : "*Aujourd'hui on doit choisir dès la terminale entre la médecine humaine, la biologie végétale... tout est trop cloisonné ; il faut au contraire des gens qui touchent à tout, aussi bien à la biologie qu'à la philo, la médecine, l'économie, l'éthologie, les systèmes... Aujourd'hui on bricole, on expérimente dans certaines formations, mais on est loin du compte.*"

3.2. Des difficultés bien ancrées

L'approche One Health jouit donc aujourd'hui d'une forte popularité dans les milieux institutionnels et académiques. Toutefois, comme nous allons le voir, le déploiement de son plein potentiel se heurte encore à certains obstacles.

91. Destoumieux-Garzón, D. et al., *op cit.*

a. La concurrence entre les institutions

Malgré de nombreuses déclarations d'intention de collaboration, et la multiplication des programmes portés conjointement par des institutions variées, la concurrence entre les organisations porteuses de l'approche One Health semble aujourd'hui constituer un frein à son déploiement effectif. Ainsi, selon Thierry Lefrançois, bien que la création de l'OHHLEP[92] témoigne d'une dynamique de collaboration encourageante, "*il y a, en pratique, encore des luttes de pouvoir entre les organisations internationales, chacun veut rester dans son silo.*" Un constat partagé par Jean-Luc Angot, pour qui les institutions internationales, "*cherche(nt) à garder le leadership.*" Des tensions qui semblent également s'appliquer à l'échelle nationale, et notamment au niveau des ministères. En effet, selon Claire Lajaunie, juriste spécialiste du droit de l'environnement: "*on voit bien qu'en France, on n'arrive pas à mettre autour de la table le ministère de la santé et le ministère de la transition écologique, ou le ministère de l'agriculture. C'est un point d'achoppement majeur.*" Thierry Lefrançois abonde: "*si des collaborations entre les ministères existent déjà, celles-ci restent limitées.*" Selon lui, cet objectif d'interministérialité est aujourd'hui en partie grevé par le fait que le Ministère de l'Économie et des Finances tend à primer sur les autres, constituant un frein potentiel à la mise en place de politiques de santé audacieuses et ambitieuses. Il conclut: "*il faut de l'interministérialité mais à parts égales, on ne doit pas*

92. One Health High Level Expert Panel.

décider à priori de qui aura le dernier mot." Cette primauté de la question économique au niveau national témoigne d'un autre obstacle à la concrétisation des programmes politiques et de recherche estampillés One Health : la contrainte budgétaire.

b. Contraintes budgétaires et enjeux de financement

Dans un article faisant le point sur les avancées et limites de l'implémentation concrète de l'approche One Health, Serge Morand et ses collègues déplorent que "*la « tripartite » OMS-FAO-OIE (soit) restée un principe de collaboration entre agences spécialisées, sans qu'un programme d'action, spécifique et financé, (n'y) soit associé.*"[93] Il semble donc qu'au-delà des déclarations d'intention, les initiatives visant à déployer l'approche ne soient pas suffisamment financées pour que leurs ambitions soient pleinement réalisées. En résultent, entre autres, des complications matérielles à la mise en œuvre d'une recherche de qualité. Ainsi, pour Camille Besombes, le temps aujourd'hui alloué à la recherche interdisciplinaire[94] est trop court pour déboucher sur des avancées significatives : "*on est sur des projets courts, où l'interdisciplinarité est favorisée mais pas*

93. Morand, S. et al., De *One Health à Ecohealth, cartographie du chantier inachevé de l'intégration des santés humaine, animale et environnementale*, IDDRI (2020)

94. Interdisciplinarité : appréhension d'un objet d'étude par l'intégration, à toutes les étapes de la recherche, de méthodes issues de disciplines multiples.

financée; or, le temps long est nécessaire pour étudier correctement le fonctionnement des écosystèmes et des populations."[95] Florence Nicolè décrit quant à elle les difficultés liées à la nécessité de démontrer l'utilité d'un projet de recherche afin d'obtenir des financements, qui complique souvent la mise en oeuvre de projets novateurs: "*il est nécessaire de mettre en avant le côté utilitariste de nos recherches pour trouver des financements.*" La primauté des enjeux économiques dans les institutions et la difficulté à débloquer des fonds semblent donc encore limiter le déploiement de projets de recherche réellement transdisciplinaires. Un problème qui découle en partie d'un autre enjeu: celui de l'inertie des institutions, et des mentalités des personnes susceptibles de faire évoluer leur fonctionnement.

c. Inertie des institutions et des mentalités

Le cas du projet de recherche sur les tiques, cité plus haut, est représentatif des conséquences de l'inertie des institutions sur la capacité à conduire des recherches transdisciplinaires. Ainsi, comme le rapporte Muriel Vayssier-Taussat: "*Avec des médecins, des vétérinaires, mais aussi des écologues et des personnes de la société civile, nous avons proposé un grand projet à l'Agence Nationale de la Recherche pour améliorer nos connaissances sur la question des maladies transmises par les tiques. Malheureusement, monter ce genre de projet est très compliqué car nous parlons*

95. Besombes, C. *op cit.*, 2023.

des langues différentes, nos organismes appartiennent à des ministères différents... En un mot, tout est trop cloisonné."

> "La mise en place de programmes de recherche et d'action réellement interdisciplinaires nécessite un changement de mentalité, de la part des chercheurs comme des organismes de financement de la recherche."

Les changements organisationnels et culturels auxquels appelle l'approche One Health, s'ils sont en marche, font donc face à des obstacles liés à une forte inertie structurelle. C'est également ce que constate Stéphane de la Rocque, chargé de mission à l'OMSA, pour qui "*un certain nombre de problèmes institutionnels et administratifs compliquent souvent la collaboration entre les secteurs (...) et entre les différents ministères. Il peut s'agir de barrières juridiques, réglementaires ou structurelles, de priorités différentes, de rivalités pour les allocations budgétaires, et autres.*" Il ajoute : "d*es différences de culture, de perception ou de perspectives sont parfois difficiles à surmonter, car nécessitant des changements de comportement au sein des agences et de relations entre les professionnels.*"[96] Dans un autre article revenant sur les limites de l'implémentation de l'approche One Health, Delphine Destoumieux-Garzon, Serge

96. Gardon, S. et De la Roque, S. *Les organisations internationales et le One Health*, in : Sortir de crises : One Health en pratiques, Quae, 2022

Morand et leurs collègues vont dans le même sens, considérant que la mise en place de programmes de recherche et d'action réellement interdisciplinaires nécessite un changement de mentalité, de la part des chercheurs comme des organismes de financement de la recherche[97]. Le conseil scientifique Covid-19 notait lui aussi, en 2022, que la collaboration entre les acteurs des trois santés dans ces différents les milieux politique, académique et professionnel "*ne va pas de soi : de nombreux écueils à sa mise en place existent, tant culturels et logistiques qu'organisationnels, administratifs, et réglementaires.*"[98]

Ainsi, malgré des avancées encourageantes, la concrétisation des ambitions de l'approche One Health semble encore devoir surmonter des obstacles variés, au premiers rangs desquels figurent le dépassement de rivalités inter-organisationnelles, le déblocage de financements suffisants et l'évolution d'habitudes de travail encore cloisonnées de manière structurelle. Ce constat amène Serge Morand et ses collègues à déplorer que "*malgré les principes sous l'égide desquels elle se situe, One Health ne parvient pas, en pratique, à véritablement intégrer les trois*

97. Destoumieux-Garzón, D. et al., *The One Health Concept: 10 Years Old and a Long Road Ahead*, Frontiers in Veterinary Science, 2018

98. *One Health – Une seule santé. Santé humaine, animale, environnement: les leçons de la crise.* Conseil scientifique COVID-19, 2022

dimensions médicale, vétérinaire et écologique.”[99] Le foisonnement de nouvelles formations visant à former les futurs professionnels de santé à une approche globale est, à ce titre, une évolution encourageante. Mais un obstacle d’une autre nature appelle à poser le problème de cette concrétisation de façon plus politique : le risque de l’appropriation de l’approche One Health à des fins contraires à ses ambitions.

3.3. Les risques du One Health washing et du business as usual

En effet, et à mesure que l’approche One Health gagne en popularité, un nombre croissant d’acteurs s’en saisissent dans le cadre de projets qui varient grandement en nature et en objectifs. Comme le note Gwenola Le Naour, “*c’est un mot d’ordre fédérateur, mais suffisamment flou pour que tout le monde s’y retrouve.*” Si cette particularité fait sa force, en ce qu’elle permet à des acteurs à première vue éloignés les uns des autres de dialoguer au sein d’un cadre commun, elle charrie également le risque que des initiatives ne permettant que très marginalement de répondre à ses ambitions s’en réclament. Pour la chercheuse spécialiste des enjeux politiques de la gestion des risques sanitaires et environnementaux, “*les usages politiques de ce mot d’ordre sont à géométrie variable, c’est très dépendant des élus*

99. Morand, S. et al, *op cit.*

qui s'en emparent" : alors que certains revendiquent une transformation radicale des systèmes de production alimentaires mondiaux, et même un changement complet de système économique, d'autres portent des revendications moins radicales.

> "(Il y a un) risque que des initiatives ne permettant que très marginalement de répondre à ses ambitions se réclament de l'approche One Health"

C'est par exemple le cas, selon selon elle, de certaines métropoles, dont l'appropriation du concept est parfois "très anecdotique" : "*il y a (...) des mesures du type éviter de tondre l'herbe à ras dans les parcs, laisser la végétation prospérer dans les villes... c'est du One Health très light, ça permet à peine d'améliorer la qualité de vie des citadins. C'est le côté un peu paillettes, presque marketing, qui met tout le monde d'accord, de cette approche.*" Elle ajoute : "*on voit même une utilisation un peu à tout va, on saupoudre de One Health dès qu'on parle d'alimentation.*" Jean-Luc Angot, quant à lui, n'hésite pas à parler de "One Health washing", lorsque des "*structures (notamment industrielles) (...) utilisent le terme à des fins économiques et commerciales.*" Il arrive en effet que des acteurs économiques s'emparent de l'approche et de sa terminologie, tout en mettant en place des pratiques fondamentalement incompatibles avec celle-ci. Citons ici le cas de l'entreprise Danone, dont le slogan "One Planet. One Health." dénote avec son assignation en justice en 2023 par des associations environnementales, en raison des pollutions liées à son utilisation de plastique[100].

Le spectre du One Health-washing appuie la nécessité de formuler d'un cadre théorique et politique solide, qui exclut les possibilités de récupération à des fins commerciales tout en permettant au plus grand nombre d'acteurs possible de se l'approprier, de dialoguer et de mettre leurs compétences en commun. Autrement, le risque qui plane sur la pertinence à long terme de l'approche est de permettre à une forme de business as usual de se perpétuer, sans transformation concrète des pratiques ni amélioration réelle des trois santés. C'est, à ce jour, le constat que dresse Camille Besombes quant à l'application concrète de l'approche, qui est pour elle restée essentiellement centrée sur "l*a santé vétérinaire des élevages intensifs* (tout en) *permettant la perpétuation de l'intensification de l'agriculture en parallèle de la poursuite de la défaunation.*"[101] Un constat en partie partagé par Frédéric Keck, anthropologue, pour qui "*l'un des paradoxes de One Health est qu'il a parfois renforcé la concentration de l'élevage en imposant des mesures de sécurité sanitaire (clôture, vaccins) très coûteuses que seuls les acteurs industriels peuvent se permettre*", au détriment des "*petits élevages familiaux en plein air*". Finalement, pour Serge Morand et ses collègues, "*ce*

100. *Danone assigné en justice par des ONG pour pollution au plastique*, Le Journal de Saône et Loire, 2023.

101. Besombes, C. *Réensauvagements: vers une conception écologique et relationnelle de la santé*. Terrestres, 2021

concept est resté peu intégrateur, privilégiant une approche infectiologique vétérinaire, sans capacité véritable de traiter les dimensions environnementales, et sans donner lieu à des instruments de politique."[102] Jusqu'à présent en tout cas.

102. Morand, S. et al. *op cit.*

Conclusion

En somme, et grâce au décloisonnement qu'elle prône, l'approche One Health permet une meilleure compréhension de nos interactions de santé avec les milieux naturels et les animaux. Son institutionnalisation, bien que limitée par certains et pourvu qu'elle soit sincère constitue à ce titre une promesse pour la santé humaine. Cependant, certains angles morts semblent subsister et demandent un dépassement de cette première acceptation de l'approche One Health.

D'une part, et malgré les ambitions affichées par la déclaration commune de la Quadripartite, il semble que la majorité des applications concrètes de l'approche One Health s'articulent aujourd'hui autour d'une lutte contre les maladies infectieuses, et plus globalement d'une approche très curative de la santé.

D'autre part, un autre élément reste globalement absent des discours autour de l'approche One Health : la dégradation progressive des déterminants de santé à l'échelle mondiale au cours des dernières décennies, que d'aucuns attribuent à l'entrée de l'humanité dans une nouvelle ère d'instabilité socio-écologique globale, l'Anthropocène. Pour Serge Morand, ce sujet n'est en effet “*pas dans le radar, sans doute car le concept est encore trop porté par les organisations internationales, qui alertent très bien, mais ont davantage de difficultés à (…) porter des transformations importantes, comme la transformation de nos modèles économiques.*” Selon lui, “*il manque aujourd’hui un aspect régénératif ou transformant au concept One Health.*”

Différentes questions se posent alors : au-delà du décloisonnement entre les disciplines, les secteurs et les niveaux d’action, comment mettre en place les conditions d’une santé comme bien-être total (et non pas comme simple absence de maladie) dans un contexte de dégradation écologique avancée ? Comment intégrer les considérations sociales et économiques au domaine sanitaire, afin de tenir compte de l’ensemble des déterminants socio-environnementaux de la santé ? Quels liens peut-on tisser entre la destruction du vivant et la dégradation de notre santé, entre urgence écologique et urgence sanitaire, et quels sont les facteurs d’inégalités entre les groupes sociaux dans leur vulnérabilité face à ces enjeux ?

Répondre à ces questions nous permettra d’esquisser une deuxième vision possible pour One Health : celle d’une santé planétaire largement dépendante de milieux naturels fragilisés, et devant servir de boussole pour nos sociétés.

Résumé

En quelques questions candides

Pourquoi faut-il s'intéresser à d'autres santés que la santé humaine ?

– Parce que la santé humaine est profondément liée à celle des espèces (végétales, animales, microbiennes) qui l'entourent. Nous entretenons des relations nombreuses et complexes avec les écosystèmes dans lesquels nous vivons, et nous avons besoin de mieux les comprendre pour nous protéger de certaines maladies, comme le paludisme, la maladie de Lyme, la rage… ou d'autres maladies chroniques.

Que propose l'approche One Health ?

– Principalement : un décloisonnement entre les trois santés. Et plus précisément, des collaborations plus nombreuses et plus intenses entre les disciplines, les secteurs (santé, environnement, agriculture, aménagement…), les niveaux de décision (du local au global) et les acteurs (scientifiques, politiques, praticiens…), en vue de développer des nouvelles connaissances et de trouver des leviers d'actions adaptés.

Concrètement, quels sont les premiers effets de l'approche ?

- Déjà, des résultats concrets sur un certain nombre de sujets clés : l'antibiorésistance, la lutte contre la rage ou encore la lutte contre la grippe aviaire (trois des grandes priorités de One Health).
- De fait, l'approche gagne aujourd'hui du terrain : dans les grandes institutions, dans les formations académiques ou dans de nouveaux programmes de recherche-action appliqués.
- Toutefois, il reste encore de nombreux obstacles : l'inertie des institutions et des mentalités, des financements insuffisants, ou encore un héritage vétérinaire et de médecine humaine qui laisse de côté l'aspect environnemental et écologique… À certains endroits, il y a même un risque de One Health Washing.

Comment peut-on aller plus loin ?

- En propageant l'approche One Health au-delà de ses sujets de prédilection (les maladies infectieuses).
- Et surtout, en l'inscrivant dans le contexte écologique actuel, à savoir une dégradation globale et accélérée des milieux naturels provoquée par l'action humaine.

Les systèmes économiques n'ont de sens et d'avenir qu'encastrés dans la biosphère, qui leur a donné la vie, les nourrit et les emportera dans sa chute si elle devait advenir.

Eloi Laurent, économiste
spécialiste des questions
de santé et d'environnement
(Et si la santé guidait le monde ?)

Partie 2 *Onehealth, comme santé planétaire*

Soigner les humains en soignant le système-terre

Comme nous l'avons vu en partie 1, l'approche One Health, malgré ses ambitions, reste aujourd'hui empreinte d'un fort héritage médical et vétérinaire, qui limite essentiellement son champ d'application à la lutte contre les maladies infectieuses. Elle fait également face à de nombreux obstacles structurels, qui empêchent pour l'instant la pleine réalisation de ses ambitions. Dans cette partie, nous continuons à explorer ses capacités en nous intéressant à une approche voisine : la santé planétaire. Portée depuis plusieurs années par des praticien·nes et des experts en santé publique, elle se distingue essentiellement de l'approche One Health par sa prise en compte de l'ensemble des déterminants socio-environnementaux de la santé, et de l'influence des dégradations écologiques causées par les activités humaines sur ces derniers. Pour ce faire, elle intègre notamment deux cadres théoriques : celui des limites planétaires, qui permet de représenter visuellement ces dégradations et de définir des seuils de déstabilisation à ne pas franchir, et celui de la santé communautaire, une approche axée autour de l'autonomie des populations et de la lutte contre les inégalités de santé. Une fois définis, nous imaginerons ce à quoi pourrait ressembler une santé puis une société organisées autour de ces principes.

Dans les pages à venir :

1. **Déséquilibres écologiques, déséquilibres sanitaires** ou comment repenser la santé dans un contexte d'urgence socio-écologique globale.

2. **Des pistes pour pratiquer différemment,** la nécessaire adaptation de la santé à ce contexte naturel dégradé.

3. **Réorienter la société autour de la santé** et ainsi donner un nouveau cap à nos politiques publiques.

1
Déséquilibres écologiques, déséquilibres sanitaires

Depuis plusieurs décennies maintenant, les scientifiques tirent la sonnette d'alarme : à l'échelle globale, des équilibres écologiques majeurs sont déstabilisés un à un, mettant en péril les conditions d'habitabilité de la planète pour une grande partie du vivant. Dans ce premier temps, nous rappellerons l'ampleur de ces phénomènes avant de décrire leurs impacts sur la santé humaine et d'appeler à un tournant planétaire et communautaire de la santé.

1.1. Les conséquences écologiques des activités humaines

Ces dernières décennies ont été le théâtre d'une déstabilisation massive et rapide des équilibres naturels sur lesquels repose l'habitabilité de la planète, et dont l'origine humaine fait désormais consensus scientifique.[103]

103. IPCC, *Summary for Policymakers*. In : Climate Change 2023 : Synthesis Report. Contribution of Working Groups I, II and III to the Sixth Assessment Report of the Intergovernmental Panel on Climate Change, 2023

Afin de rendre compte de la nature et de l'ampleur de ces déstabilisations, un groupe de chercheur·euses du Stockholm Resilience Center a développé le cadre des “limites planétaires”. Ce dernier définit neuf équilibres écologiques, auxquels sont attribuées des frontières de déséquilibre au-delà desquelles leur stabilité n'est plus assurée.

Autrement dit, si le dépassement d'une limite n'implique pas nécessairement un effondrement rapide de l'équilibre, il marque l'entrée de l'humanité dans une ère d'incertitude et de bascules écologiques potentielles.

Aujourd'hui, six de ces limites planétaires ont été dépassées, ce qui implique que l'humanité est d'ores et déjà entrée dans une nouvelle donne écologique mondiale, dans laquelle les équilibres naturels censés préserver l'habitabilité de la planète ne sont plus garantis. Les conséquences sont aujourd'hui de plus en plus palpables : sécheresses à répétitions, canicules plus intenses et fréquentes, multiplication des événements météorologiques extrêmes… Ce qui n'était jusqu'alors qu'une menace lointaine, constituant un horizon à plusieurs décennies, s'impose désormais comme une réalité quotidienne qui rebat les cartes de la santé publique mondiale.

1.2. Les conséquences sanitaires des déséquilibres écologiques

Les conséquences du dépassement progressif des limites planétaires sur la santé humaine sont nombreuses. En 2020, un groupe de chercheur·euses et praticien·nes de la santé expliquaient ainsi que les perturbations du système Terre générées par nos activités *"menacent les déterminants les plus fondamentaux de la santé, tels que l'accès à une température atmosphérique compatible avec la physiologie humaine, un air sain, de l'eau propre et une alimentation saine et en quantité suffisante, ainsi qu'un cadre environnemental et social préservé et sécuritaire"*[104]

Selon l'OMS, le changement climatique est la limite planétaire dont le dépassement présente le plus de risques sanitaires à l'échelle mondiale. Le *Lancet Countdown*, un groupe de recherche international qui suit l'évolution des effets du changement climatique sur la santé, a publié en 2023 son dernier rapport synthétisant l'état des connaissances scientifiques sur la question.[105] Selon ce dernier, les températures mondiales les plus élevées des 100 000 dernières années ont été enregistrées l'année de sa publication,

104. Nicolas, S. et al, *Santé et Environnement : Vers une nouvelle approche globale*, 2020, p.122

105. Romanello, M. et al, *The 2023 report of the Lancet Countdown on health and climate change : the imperative for a health-centred response in a world facing irreversible harms*, The Lancet, 2023

avec un fort impact sur la surmortalité liée à la chaleur. Les décès liés à cette dernière chez les personnes de plus de 65 ans ont ainsi augmenté de 85% par rapport à la période 1990-2000, avec 5000 décès à déplorer sur le territoire français uniquement, qui a connu son quatrième été le plus chaud depuis 1900.

LES DÉTERMINANTS ET INÉGALITÉS DE SANTÉ

Si certaines visions de la santé mettent en avant la responsabilité des individus et l'importance de leurs comportements (alimentation, pratique sportive, mode de vie...), il est désormais communément admis que la santé des personnes dépend plus largement d'un certain nombre de "déterminants" qui leur échappent. Ainsi, l'OMS définit les déterminants de santé comme les "facteurs personnels, sociaux, économiques et environnementaux qui déterminent l'état de santé des individus ou des populations." Ceux-ci se situent à différentes échelles : au niveau individuel (âge, sexe, origine ethnique, mode de vie, niveau d'éducation...), au niveau des milieux de vie (famille, travail, logement, communauté...), au niveau systémique (système de santé, aménagement du territoire, système éducatif...) et au niveau global (contexte politique, économique, démographique, naturel...).[106]

106. Ministère de la Santé du Québec, *La santé et ses déterminants*, 2011

Ainsi, si la santé d'une personne dépend effectivement de ses modes de vie, ces derniers sont indissociables de sa position sociale et des environnements de vie qui en découlent. Comme l'explique Mélanie Popoff, *"les déterminants de la santé désignent tout ce qui influence la santé : les déterminants biologiques et le mode de vie, certes, mais également le travail, l'accès à un mode de garde pour les enfants, la qualité de l'habitat, l'accès à la nature, le fait que les infrastructures de la ville permettent d'aller faire du sport, l'argent pour acheter du bio... Ils intègrent à la fois les problématiques sociales, politiques et économiques."*

Face à ces déterminants de la santé, tous les groupes sociaux ne sont pas égaux. En effet, la capacité à accéder aux soins et à une alimentation de qualité, à exercer un métier peu pénible ou à habiter une région bien desservie en services publics dépend largement de critères socio-économiques, comme le genre, la classe sociale ou l'origine ethnique. En fonction de ces critères, une personne sera plus ou moins exposée à des risques de santé (effort, produits chimiques, bruit...) et disposera d'une plus ou moins grande capacité à se prémunir de leurs conséquences (on parle de sensibilité au risque). La combinaison de l'exposition et de la sensibilité à des risques de santé, la vulnérabilité, est ainsi largement inégale entre les groupes sociaux. Au cours de leur vie, les femmes seront par exemple plus exposées en moyenne à des produits chimiques que les hommes, notamment en raison d'un conditionnement social à l'utilisation de produits cosmétiques et ménagers toxiques.[107] Les personnes issues de milieux défavorisés seront quant à elles plus exposées à des métiers pénibles (impliquant eux-même une exposition à des produits toxiques), résultant en une différence d'espérance de vie de 7 ans entre un ouvrier et un homme cadre supérieur (77 pour le premier, et 84 pour le second[108]). Pour désigner ces différences de vulnérabilité, on parle d'*inégalités sociales de santé*. Celles-ci sont une composante majeure de la santé sociale, et donc de la santé des populations au sens de l'OMS.

En plus de l'impact direct de la chaleur sur la physiologie humaine, de nombreux impacts sanitaires indirects du changement climatique ont été caractérisés. La production alimentaire mondiale, par exemple, est fortement menacée par les sécheresses et vagues de chaleur à répétition, faisant craindre des pénuries de plus en plus fréquentes. La superficie terrestre mondiale touchée par la sécheresse extrême

107. Popoff, M., *Perturbateurs endocriniens, Rue de l'échiquier*, 2023

108. Observatoire des inégalités, *Rapport sur les Inégalités en France, 2023*

est ainsi passée de 18% dans les années 1951-1960 à 47% dans les années 2013-2022. En conséquence, en 2021, 127 millions de personnes supplémentaires ont connu une insécurité alimentaire modérée ou sévère par rapport à la période 1981-2010. Un autre impact indirect concerne l'apparition de nouvelles maladies infectieuses, à mesure que la niche écologique[109] de leurs espèces vectrices se déplace. C'est par exemple le cas du moustique tigre, présent depuis peu sur le territoire français et porteur de maladies telles que le Zika, la dengue et le Chikungunya, ou encore de certaines espèces de tiques, porteuses de la maladie de Lyme. Ainsi, selon l'OMS, "*les variations de température et de précipitations favorisent la propagation des maladies à transmission vectorielle. En l'absence de mesures préventives, le nombre de décès dus à ces maladies, qui s'élève actuellement à plus de 700000 par an, risque d'augmenter*".[110]

La dégradation croissante de la santé mentale des populations constitue également un risque : les augmentations de température affectent en effet les niveaux de certaines hormones, comme la sérotonine et la dopamine, qui jouent un rôle dans la régulation de l'humeur et de l'anxiété. Des neuro-inflammations dues à une augmentation de la température dans le cerveau peuvent également favoriser les états

109. *On parle de niche écologique pour désigner les conditions nécessaire au maintien d'une espèce dans un écosystème (température, disponibilité de la nourriture)*

110. *Changement climatique,*OMS 2023

dépressifs, et pourraient expliquer le passage à l'acte pour certains suicides, selon Rémy Slama, directeur de recherche à l'Inserm.[111] Au-delà de ces risques physiologiques, l'impossibilité de se projeter dans un avenir climatique stable, le deuil ressenti face à des écosystèmes dégradés ou un milieu de vie devenu inhabitable, ou encore l'anxiété due à la menace de catastrophes futures, sont des facteurs variés qui concourent tous à dégrader la santé mentale des populations.[112]

Mais le réchauffement climatique n'est pas la seule limite planétaire dont le dépassement charrie le risque d'une dégradation importante de la santé publique mondiale. Les nombreuses pollutions qui impactent les milieux (air, eau, sols…) et la nourriture que nous consommons, liées au dépassement de la limite "introduction d'entités nouvelles dans la biosphère", en sont un exemple criant. La pollution atmosphérique est probablement la plus connue, tant ses effets sont déjà perceptibles pour de nombreuses personnes. Majoritairement émise par les transports (moteur diesel et essence, usure des pneus et freins…), l'habitat (chauffage), l'activité industrielle et l'agriculture, elle constitue un facteur de risques pour des maladies respiratoires, cardio-vasculaires, et liées à l'asthme. Elle est responsable de plus de 48 000 décès

111. Inserm, *Les températures élevées ont un impact à court terme sur toutes les grandes causes de décès, y compris les décès par suicide*, 2022

112. *ibid.*

par an en France[113], et 4,2 millions dans le monde.[114] Les pollutions chimiques en sont un autre type, qui englobe l'ensemble des molécules de synthèse qui interviennent à différentes étapes de chaînes de production des produits que nous consommons au quotidien, et dont plus de 100 000 sont actuellement commercialisées en Europe. On compte parmi elles les pesticides (insecticides, fongicides, herbicides), utilisés pour détruire, contrôler ou repousser les organismes vivants entravant les processus de production agro-industriels, et les PFAS (substances per – et polyfluoroalkylées), utilisés dans les traitements antiadhésifs, antitaches et imperméabilisants (teflon, tapis, emballages alimentaires...), deux substances ayant récemment fait l'actualité en raison de leur dangerosité. En effet, désormais omniprésentes dans nos environnements de vie, et ce pour de très longues durées[115], elles ont été associées à de graves risques de santé : augmentation des risques de cancers et de maladies cardio-vasculaire, troubles cognitifs (maladies de Parkinson, d'Alzheimer), baisse de la fertilité, troubles de la thyroïde, endométriose... Des liens de causalité ont ainsi été établis entre

113. *Fortes chaleurs et canicule : un impact sur la mortalité important nécessitant le renforcement de la prévention et de l'adaptation au changement climatique*, Santé Publique France, 2022

114. *Pollution de l'air ambiant (extérieur)*, OMS, 2022

115. *Parmi l'ensemble des molécules de synthèse aujourd'hui en circulation, de nombreuses sont qualifiées de "polluants éternels" en raison de leur persistance dans l'environnement et de leur capacité à se déplacer sur de très longues distances.*

l'explosion de l'utilisation des molécules de synthèse ces dernières décennies et celle des cas de maladies chroniques sur la même période, que certains experts qualifient de véritable épidémie.[116]

> "Les systèmes économiques n'ont de sens et d'avenir qu'encastrés dans la biosphère, qui leur a donné la vie, les nourrit et les emportera dans sa chute si elle devait advenir."

Les impacts sanitaires de ces pollutions variées ne sont pas limitées aux populations humaines. En effet, les conséquences sur la biodiversité de l'augmentation constante de ces molécules, dont beaucoup ont été spécifiquement conçues pour causer la mort de certains organismes[117], sont désormais largement documentées, et contribuent au phénomène de disparition massive de nombreuses espèces, souvent qualifié de "sixième extinction de masse"[118]. Le changement climatique et d'autres déséquilibres écologiques définis par le cadre des limites planétaires, comme les changements d'usage des sols, ont également un fort impact sur la limite "érosion de la biodiversité". Ainsi, il est important de noter que les limites planétaires et les conséquences sanitaires de leur dépassement ne doivent pas être pensées en silo, comme leur représentation graphique peut pourtant le laisser croire, mais

116. Robin, M., *Notre poison quotidien*, La Découverte, 2011
117. *On parle de substances biocides.*
118. *Comment l'agrochimie a tué les insectes*, Arte, 2023

dans leurs interactions et avec une vision systémique. Comme le soulignait un rapport récent du Programme des Nations Unies pour le Développement, "*les forces d'origine humaine (...) ne sont ni dispersées ni bien ordonnées. Elles (...) s'empilent les unes sur les autres, interagissent et s'amplifient de façon imprévisible.*" Afin de comprendre ces interactions, anticiper leurs conséquences sanitaires et identifier des leviers d'atténuation et d'adaptation, un champ de recherche s'est développé au cours des dernières années : la Santé Planétaire.

1.3. Vers une santé planétaire et communautaire

Le constat de la dégradation continue des équilibres terrestres et de ses impacts appelle à une transformation de nos manières de concevoir et de pratiquer la santé. C'est à cette ambition qu'entend répondre le champ de la Santé planétaire.

En 2015, sous l'impulsion de la Fondation Rockefeller et du journal The Lancet, est publié un rapport au nom évocateur : *Préserver la santé humaine à l'ère de l'Anthropocène*[119]. L'objectif de ce rapport est clair : ancrer les questions de santé publique dans le contexte de l'entrée de l'humanité

119. Whitmee, S. et al, *Safeguarding human health in the Anthropocene epoch*, The Lancet, 2015

dans une ère où ses propres activités ont la capacité d'affecter durablement les conditions d'habitabilité de la planète. Sa publication acte la création de l'approche Santé Planétaire, définie comme le champ d'étude de "*la santé de la civilisation humaine et de l'état des systèmes naturels dont elle dépend*"[120].

120. *ibid.*

Cas d'étude

Les pollutions chimiques,
un désastre sanitaire et écologique silencieux

En 1962, la biologiste états-unienne Rachel Carson publiait *Printemps Silencieux*[121], un livre dénonçant les impacts destructeurs de l'utilisation massive de DDT, un pesticide, sur les populations d'oiseaux et sur l'environnement en général. Elle y dénonçait également les pratiques des industriels le produisant, accusés de cacher volontairement au grand public et aux législateurs ces effets dont ils avaient pourtant connaissance.

Depuis devenu un classique de la littérature environnementaliste, le livre contribua largement à l'interdiction du produit en 1972. Pourtant, plus de 60 ans plus tard, la problématique des pesticides, de leurs dégâts et des pratiques des industriels de l'agrochimie reste un sujet d'actualité brûlant.

C'est ce que montre le documentaire "Comment l'agrochimie a tué les insectes", publié en 2023 sur la chaîne Arte, qui décrit l'arrivée d'une nouvelle

---

121. Carson, R., *Printemps Silencieux*, *Wildproject*, 2020

famille d'insecticides surpuissants sur les marchés mondiaux depuis les années 1990 : les néonicotinoïdes. Ces derniers, inventés par un chimiste de l'entreprise Bayer, présentent la particularité d'être intégrés directement dans les graines des plantes à protéger, plutôt que de devoir être pulvérisés à intervalles réguliers. Si cet argument a été mobilisé par les industriels pour vanter leur précision, et donc leur risque moindre de se répandre dans l'environnement (puisqu'ils ne se dispersent pas par le vent), nombre d'études ont depuis démontré qu'ils ont en réalité la capacité de rapidement contaminer des écosystèmes entiers. Plus encore, loin de ne s'attaquer qu'aux seuls ravageurs, ils sont en réalité toxiques pour l'ensemble des insectes, pour bon nombre d'organismes aquatiques comme le zooplancton, et pour des vertébrés comme les oiseaux et les amphibiens. Quant aux conséquences sur la santé humaine (au-delà de celles indirectement liées aux pertes de biodiversité), elles sont extrêmement compliquées à prouver. Et pour cause : les méthodologies d'homologation, souvent conçues par les industriels eux-mêmes, sont inadaptées à la nature des produits testés, ne prenant par exemple pas en compte "l'effet-cocktail" résultant du mélange de plusieurs produits entre eux.[122]

Aujourd'hui, le constat scientifique est implacable : les néonicotinoïdes ont, en quelques années seulement,

122. Popoff, M., *Perturbateurs Endocriniens*, Rue de l'Echiquier, 2023

provoqué un déclin brutal de la biodiversité mondiale, et ce jusqu'au cœur des zones les plus protégées. Ce sont ainsi plus de 70% de la masse des invertébrés qui ont disparu depuis les années 1990 en Europe occidentale[123].

La santé planétaire se distingue ainsi par son postulat d'une responsabilité foncièrement humaine dans les dérèglements écologiques et sanitaires présentés plus tôt, ainsi que par son attention portée aux dimensions sociales de la santé. En conséquence, les analyses qui émanent de cette approche sont plus fondamentalement axées autour de la nécessité de transformer en profondeur nos modes d'organisation économiques et sociaux, que d'une lutte contre les maladies. Comme le résume Mélanie Popoff, la santé planétaire est donc "*à la fois une démarche de réflexion qui pose un cadre systémique pour comprendre l'ensemble des déterminants de la santé, et un levier d'action pour mettre en place des politiques environnementales.*"

Par son attention portée aux déterminants socio-environnementaux de la santé, la santé planétaire peut être assimilée à une autre approche : la santé communautaire. Fruit de réflexions théoriques et d'expérimentations pratiques en cours depuis les années 1970, la santé communautaire vise à organiser l'offre de soins d'un territoire en fonction des besoins

123. Arte, op. cit.

concrets de ses habitant·es, tout en tenant compte de l'ensemble des déterminants de leur santé. Cette approche invite à repenser les pratiques de santé de plusieurs manières : en considérant cette dernière dans toutes ses dimensions (physique, mentale et sociale) ; en l'ancrant dans les territoires (à rebours d'une tendance à l'imposition par le haut de politiques de santés déconnectées des besoins réels des populations) ; en redonnant à ces dernières leur pouvoir d'agir sur les déterminants de leur santé, via l'octroi des ressources (financières, matérielles, éducatives) nécessaires ; et enfin en en tenant compte des inégalités de santé, qui séparent aujourd'hui les groupes sociaux dans leur capacité à accéder à leurs droits de santé.

2
Des pistes pour pratiquer différemment

La rencontre des analyses de la santé planétaire avec les principes de la santé communautaire semble ainsi porteuse d'une réponse concrète et démocratique aux déséquilibres socio-écologiques globaux qui caractérisent l'anthropocène. Mais au-delà de ce rapprochement théorique, comment se traduit-elle dans les pratiques de santé au quotidien ? Pour répondre à cette question, étudions deux initiatives qui s'attachent aujourd'hui à transformer les soins primaires[124] afin de répondre à ce nouvel impératif : le Centre de Santé Communautaire et Planétaire (CSCP) de Bron, dit "Le Jardin", et le réseau des Hameaux de Santé.

Le Jardin, ouvert en 2022, s'ancre dans la lignée des centres de santé communautaires, qui expérimentent depuis plusieurs années la mise en pratique de cette approche. Huit d'entre eux constituent aujourd'hui le "Réseau national des centres de santé communautaire", qui vise à "*réinscrire dans les bases*

124. Soins de santé quotidiens.

du système de santé les objectifs de lutte contre les inégalités sociales, d'émancipation individuelle et collective, et de plaidoyer", tout en réintégrant aux soins primaires "*la prévention et la promotion de la santé.*"[125] L'originalité du Jardin est qu'il ajoute à cette ambition celle d'intégrer les principes de la santé planétaire, en œuvrant à limiter les impacts écologiques liés au fonctionnement du lieu et aux prescriptions médicales qui y sont dispensées. En 2023, il comptait 12 salarié·es (médecins, médiatrice médicale, personnel d'accueil...) et près de 4000 usager·es.

Le réseau des Hameaux de Santé, quant à lui, fédère des lieux de santé implantés dans des lieux relativement délaissés par l'offre de soins classique[126] et dont le fonctionnement est axé autour de certains piliers : la démocratie en santé (via l'intégration des patient·es à la vie du lieu), la dimension sociale (via des efforts pour permettre un accès universel aux droits de santé), la médecine intégrative (qui mêle soins "classiques" et médecine "alternative"), et le volet écologique (via une rupture de l'association automatique du soin à une haute complexité technologique). Lancé par Jesse Robert, ancien étudiant en médecine généraliste, le réseau regroupe aujourd'hui plusieurs lieux en cours de lancement ou récemment établis, et

125. Réseau des centres de santé communautaire, *Mobilisation dans les soins primaires*, Pratiques, 2024

126. On parle de *déserts médicaux.*

sert de plateforme de partage de connaissances et de ressources pour ses membres.

Bien que ces projets diffèrent dans leurs bases théoriques et leur fonctionnement, ils œuvrent tous deux à une transformation concrète des pratiques de santé qui soit compatible avec les principes des santés communautaire et planétaire. Il agissent ainsi sur des leviers communs, dont voici les principaux.

2.1. Autonomie des patient·es et gestion des lieux de santé

Au CSCP de Bron comme dans les Hameaux de santé, redonner aux patient·es l'autonomie sur leur santé est une priorité. Un objectif qui va d'une transformation des rapports entre médecin et patient·e jusqu'à l'expérimentation de modèles de gestion alternatifs qui incluent pleinement ces derniers.

Ainsi, au Jardin, la relation entre médecin et patient·e n'est pas hiérarchique, mais collaborative. Les consultations y sont plus longues que la moyenne (30 minutes environ), afin de laisser à l'usager·e le temps de décrire sa situation dans le détail, et au médecin d'expliquer pleinement son diagnostic, ses choix de prescription, la balance bénéfices-risques associée et le bon usage des médicaments éventuellement prescrits. Cette relation d'égalité se retrouve également dans l'organisation matérielle du lieu : dans les salles de consultation, pas de grande table séparant le spécialiste du patient; la distance physique y est réduite afin de minimiser la hiérarchie des rapports. L'ambiance y est chaleureuse et les usager·es font toujours face à une fenêtre donnant sur l'extérieur. Mais l'autonomie, maître mot du Jardin, est loin d'être cantonnée aux salles de consultation. Celui-ci fonctionne en effet selon des principes d'autogestion: l'ensemble de l'équipe est invitée à prendre part aux réunions de gestion organisées deux fois par semaine, et chacun·e est libre de participer à la vie du lieu à hauteur de ses envies et de ses capacités.

Dans les Hameaux de Santé, l'objectif est également de décentrer le rôle du médecin, afin de permettre aux usager·es de co-construire et de diriger leurs propres lieux de santé. Pour Jesse Robert, les structures associatives ou coopératives sont à ce titre à favoriser, car elles constituent selon lui le "seul moyen de réellement intégrer les usager·es dans la construction du lieu." Les baux de propriété, ou emphytéotiques, sont également privilégiés pour l'implantation des Hameaux, car ils permettent une grande liberté architecturale. En ce qui concerne la gestion des lieux, tout comme au Jardin, l'auto-organisation joue un rôle central: *"il n'y a pas de gestion par le haut. Le réseau des Hameaux de Santé sert uniquement à créer du contenu, à communiquer, à rallier du monde."*

2.2. Repenser les pratiques et les prescriptions

La transformation des prescriptions, élément essentiel des offres de soins primaires, est également un enjeu central pour les deux projets.

Les Hameaux de santé sont ainsi organisés autour d'une vision "intégrative" de la santé, un terme qui désigne la combinaison des pratiques de médecine classiques et des pratiques alternatives et traditionnelles. Comme l'explique Jesse Robert, "*on considère qu'il n'y a pas de hiérarchie entre les différents professionnels et pratiques de santé, que la médecine "alternative" a autant de valeur que la médecine validée par les institutions, et qu'il faut utiliser les deux de manière complémentaire dans les parcours de soin.*" Une telle approche nécessite cependant de porter une attention particulière aux possibles dérives (valorisation de pratiques inadaptées ou dangereuses au détriment de traitements réels, enrichissement individuel sur des produits inefficaces, etc.), ce qu'un dialogue régulier et éclairé entre les différents Hameaux rend possible. Inventer des manières de pratiquer la santé plus autonomes et démocratiques implique par ailleurs de rompre avec une vision du soin hautement technologique, basée sur des techniques polluantes et fortement consommatrices de ressources dont la disponibilité dans les années à venir n'est pas assurée. Comme Jesse Robert le résume dans un épisode du podcast The Octopus'h, "*[le] médecin (…) se perd de plus en plus derrière les imageries et les bilans sanguins, qui permettent d'avoir des diagnostics très précis grâce à un système qui tient techniquement pour l'instant, mais n'est en rien garanti dans le temps en fonction des chocs énergétiques que nous serons amenés à vivre.*"[127]

Au Jardin, contrairement aux Hameaux de Santé, l'accent n'est pas mis sur la santé intégrative. Les pratiques légitimes, dites "basées sur la science", sont favorisées, notamment dans l'optique de rester dans le cadre d'un remboursement complet pour les patient·es. Les prescriptions y font toutefois l'objet d'une attention toute particulière, en vue de minimiser leur impact écologique. Celles-ci doivent être adaptées à la situation du patient, en favorisant les molécules qui persistent le moins dans les sols, et aux doses les plus petites possibles. Les prescriptions médicamenteuses sont par ailleurs réduites au minimum (à la fois pour limiter les pollutions environnementales et lutter contre l'antibiorésistance), au profit des prescriptions non-médicamenteuses : activité physique, ateliers santé et bien-être, art-thérapie, prescriptions de nature (passer du temps en extérieur, dans des espaces naturels)… Comme l'explique Lauriane Geremie-Carlu, "*au lieu de chercher des méthodes curatives toujours plus poussées, il vaut mieux se concentrer sur l'identification des déterminants socio-environnementaux des maladies.*"

127. *Hameaux de santé – avec Jesse Robert*, The Octopus'h, 2022

Une approche qui fait également son chemin dans les institutions plus classiques, comme le relate Bernard Jourdain, chargé de développement durable au centre hospitalier de Niort : *"un moyen de* [réduire l'impact environnemental des hôpitaux] *est de revoir les prescriptions, de se demander s'il vaut mieux donner un valium à quelqu'un qui est anxieux, ou bien 5 séances de balades en forêt, 10 séances de sport ?".*

2.3. Lutter contre l'exclusion des parcours de soin et les inégalités de santé

Permettre à l'ensemble les patient·es d'accéder à leurs droits de santé, peu importe leur parcours et leur situation personnelle, constitue un autre objectif central des Hameaux de Santé comme du CSCP de Bron.

Avant tout destiné aux habitant·es du quartier dont le contact avec les institutions du soin est parfois difficile, ce dernier emploie à ce titre une médiatrice en santé. Maillon essentiel du parcours de soin, son rôle est de lever les obstacles individuels à l'accès aux droits de santé en accompagnant les personnes dans leurs démarches, et en établissant un lien de confiance qui facilite la relation avec les médecins. Elle vient également en soutien à l'équipe dans l'accompagnement des situations complexes. Plus généralement, les consultations au Jardin ne se limitent pas à une approche biomédicale, qui se concentre sur les comportements et la responsabilité individuelle (alimentation, consommation, modes de vie…), mais portent sur la situation globale des patient·es, en incluant l'impact de leurs environnements de vie et leur situation personnelle, parfois lieu d'oppressions croisées. Comme l'explique Lauriane Geremie-Carlu, présidente du Jardin, *"l'ambition du centre est à terme de porter un plaidoyer politique, avec une attention particulière aux inégalités d'accès aux soins basées sur le genre, la race, etc. On lutte sur les inégalités d'accès au soin : on veut que ce soit les gens de Bron qui viennent, des gens pour qui l'accès au soin est compliqué."*

Les deux projets entendent par ailleurs contribuer à résoudre le problème des déserts médicaux, qui constituent un enjeu central en zone rurale comme dans les grandes agglomérations. En effet, l'AMF et la Mutualité française estiment dans leur dernier baromètre santé-social qu'en France, *"87% de la population vit dans un désert médical, et 6,7 millions de Français n'ont pas de médecin traitant, soit 11% de la population"*[128]. Pour pallier ce problème, les Hameaux de Santé tentent également de faciliter l'accès au soin en expérimentant des modèles de financement alternatifs comme la participation financière libre, le bénévolat, ou encore l'échange de services. Les Hameaux ont également pour objectif de permettre à leurs usager·es de mobiliser des spécialistes adaptés à

128. *Déserts médicaux : toujours moins de médecins généralistes*, La Gazette des Communes, 2024

leurs besoins. Comme le relève le média La Relève et la Peste dans un article sur ces derniers, "*À Priziac, Jesse a rencontré le maire, les institutions et les différents professionnels de santé alentour pour connaître les besoins de cette zone rurale.*"[129]

2.4. Les principaux obstacles

Malgré leur succès auprès des institutions de santé classiques comme des patient·es, ces projets font face à des obstacles variés.

D'une part, les praticien·es traditionnel·les et les habitant·es peuvent parfois se montrer méfiant·es face à des modèles peu connus et mal compris. Comme le rapporte Jesse Robert, ces derniers ont parfois du mal à saisir la nature des Hameaux de Santé : "*des gens pensent qu'on va leur imposer une pratique holistique de la santé à laquelle ils ne sont pas habitués, alors que ce n'est pas du tout l'objectif.*" Lauriane Geremie-Carlu rapporte quant à elle que, bien que le Jardin ait le soutien des institutions officielles (Caisse Primaire d'Assurance Maladie, Agence Régionale de Santé...), certains médecins libéraux ne cachent pas leur hostilité face à l'expérimentation que mène le centre, notamment quant au fait de pratiquer des séances plus longues que la moyenne dans un contexte

129. *Un réseau d'hameaux de santé veut lutter contre les déserts médicaux*, La Relève et la Peste, 2022

de manque de médecins. Selon elle, ces critiques sont cependant révélatrices d'un malaise face à la vision politique du centre : "*le mot "communautaire", en France, c'est compliqué. On a d'excellents retours des patient·es, mais politiquement on nous met des bâtons dans les roues, car on critique explicitement le modèle libéral et capitaliste en santé.*"

> "Si les santé planétaire et communautaire sont amenées à s'imposer comme nouveau paradigme, il faut qu'elles s'inscrivent dans une transformation à grande échelle du fonctionnement de nos sociétés."

D'autre part, si nombre de praticiens et de patient·es soutiennent le projet des Hameaux de Santé, "*le plus gros frein reste l'accès à la propriété et aux financements*" selon Jesse Robert. En effet, les exigences de rentabilité au cœur de ces processus sont peu compatibles avec un modèle avant tout axé sur le bien-être des personnes et l'accès universel au soin. À Bron, le Jardin fait face à des obstacles similaires : le choix du centre de pratiquer des écarts de salaires faibles, sans aucun bas salaire, constitue par exemple un défi dans le contexte d'un cadre légal inadapté à ces pratiques. Comme l'explique Benoît Blaes, "*rien dans les dispositifs de financement actuels ne permet de financer les employé·es à hauteur de nos attentes.*" Rentrer dans le cadre de l'article 51 de la loi de financement de la sécurité sociale de 2018, qui permet d'expérimenter de nouvelles formes d'organisations en santé comme le financement à la patientèle (et non à l'acte) est une piste. Ainsi, les activités hors-consultation (qui constituent un aspect central du fonctionnement du lieu) pourraient être rémunérées, ce qui permettrait de relâcher une certaine pression quant à la durée des consultations. Pour Benoît Blaes, ce modèle ne règlerait cependant pas tout, l'idéal étant un système de financement qui s'adapterait aux particularités des territoires et des offres de soin.

Ces difficultés révèlent la nature systémique de la question de la transformation des pratiques de santé. Ainsi, si les santés planétaire et communautaire sont amenées à s'imposer comme nouveau paradigme, elles doivent s'inscrire dans une transformation à grande échelle du fonctionnement de nos sociétés.

Attention au vivant !

Au mois d'août 2023, une cohorte d'observateur·ices chevronné·es ont sillonné les différents paysages du territoire français, munis d'une série de protocoles d'observation de la santé des écosystèmes. Qui étaient-ils, quel était leur but, et en quoi leur démarche préfigure-t-elle un futur rôle citoyen dans l'entretien de la santé globale des territoires ? On vous explique !

Objectif méthodologique

Au fil de notre étude, nous avons abouti à des conclusions diverses sur la façon dont l'approche One Health rebat les cartes de nos conceptions et pratiques de santé. Parmi ces conclusions figurent deux nécessités :
(1) Celle de tenir compte du rôle que jouent les écosystèmes que nous habitons dans notre état de santé.
(2) Celle de redonner aux citoyen·nes le pouvoir d'agir sur les déterminants de leur santé.

Mais une fois formulés, comment traduire ces impératifs en transformations concrètes dans nos manières de faire santé ? Autrement dit, dans un monde One Health, quel pourrait être le rôle des citoyen·nes dans l'entretien de la santé globale de leurs territoires ?

Pour répondre à ces questions, nous avons utilisé les outils du design et de la prospective afin d'imaginer un tel monde et ses “artefacts”, que vous pouvez découvrir dans le “Musée des Artefacts d'un Monde One Health”, que nos archéologues se chargent de vous faire visiter au fil de ce livret d'étude.

Mais nous avions également à cœur de lever la tête de nos tablettes graphiques et de nous confronter au réel en donnant corps à une expérimentation grandeur nature : c'est là qu'intervient le dispositif participatif Attention au Vivant !

Mis en place au cours du mois d'août 2023, son objectif était d'expérimenter, dès aujourd'hui et à l'aide d'outils existants, un nouveau rôle de veille pour les citoyen·nes quant à l'état des écosystèmes qui les entourent. En remettant ainsi en cause la séparation dressée entre spécialistes de la santé et simples citoyen·nes, l'objectif était de redonner à ces derniers une part de responsabilité dans le soin porté à leurs environnements de vie, à travers une prise de conscience des interdépendances qui les lient au reste du vivant.

Alors, comment est-ce qu'on s'y est pris ?

L'expérimentation

En science, on mobilise parfois les citoyen·nes pour participer à des mesures diverses, qui ne demandent pas de connaissances particulières : on parle de sciences participatives. Il existe aujourd'hui de nombreux dispositifs de cette nature, avec des objectifs variés : compter des oiseaux, observer des insectes pollinisateurs, identifier des plantes…

Notre idée a été de partir de ces dispositifs spécifiques, d'en adapter certains et d'en imaginer de nouveaux pour l'occasion, et de les combiner afin d'obtenir un protocole de mesure de l'état de santé de chacun des 6 écosystèmes qui constituent le territoire français. Nous avons ensuite constitué une cohorte d'environ 200 "veilleur·euses", recrutés avec l'aide de nos partenaires et le soutien du média La Corneille pour l'animation, pour aller sillonner ces écosystèmes et effectuer des mesures variées, avec deux objectifs en tête :

- Inviter les participant·es à user de l'ensemble de leurs sens pour identifier les marqueurs témoignant de l'état de santé des écosystèmes qu'ils traversent ;
- Constituer une base de données pouvant servir de référence de l'état de ces écosystèmes à un instant T. Une fois recrutés, ces veilleur·euses (dont une trentaine ont assidûment suivi l'entièreté du processus !) ont été invités à participer à trois phases d'observations d'une semaine chacune, constituées : (1) d'une réunion de présentation d'un protocole le lundi, (2) de 7 jours d'observation, et (3) d'une réunion de debrief collectif le dimanche.

Voyons maintenant de quoi se composent ces fameux protocoles !

Source : Rapport de première phase de l'évaluation française des écosystèmes et des services écosystémiques, Efese, 2019

Selon la plateforme Efese (Evaluation Française des Services Ecosystémiques), le territoire français se compose de 6 types d'écosystèmes. Voici une carte de leur répartition :

#1
milieux urbains
principales menaces

En perpétuelle expansion, les écosystèmes urbains accueillent aujourd'hui 77% de la population française. Bien qu'ils soient largement artificialisés, ils abritent de nombreux espaces naturels, qui représentent 40% de la surface des villes françaises de plus de 200 000 habitant·es.

Les villes abritent donc une biodiversité riche, avec une forte proportion d'espèces pionnières (qui permettent à d'autres espèces de s'installer ensuite), ubiquistes (qui s'épanouissent dans des milieux variés) et anthropophiles (qui cohabitent avec les humains), toutes tolérantes à des conditions d'habitabilité souvent éprouvantes (car pensées pour les seuls humains).

Bétonnisation / Destruction d'habitats / Fragmentation
Pollutions chimiques / Nuisances (sons, odeurs et lumières)
Forte fréquentation des espaces naturels
(Efese, 2018a)

#2
milieux marins et littoraux
principales menaces

En France métropolitaine, le littoral est une ligne de 5 853 km qui regroupe des côtes rocheuses (41 %), des plages et dunes (35 %) et des marais salants et maritimes (24 %). Les écosystèmes marins et littoraux français recèlent une biodiversité exceptionnelle, dont 80% se situent dans les territoires ultramarins. Ils sont généralement peu artificialisés ou modifiés, mais de plus en plus menacés.

Les écosystèmes marins et littoraux remplissent également de nombreuses fonctions écologiques, comme la régulation du climat (les océans captant près du quart des émissions de CO2), l'alimentation (poissons, coquillages…), la régulation de la qualité de l'eau, la protection côtière (contre les tempêtes)… Ils constituent également un patrimoine culturel fort, mais sont menacés par la forte fréquentation humaine liée au tourisme.

Destruction d'habitats / Pollutions / Eutrophisation Espèces envahissantes / Surexploitation
(Efese, 2018b)

#3
milieux rocheux et hautes montagnes
principales menaces

La montagne recouvre 138 711 km2 en France métropolitaine, soit 30% du territoire. De par leur complexité topographique et géologique, certaines contraintes climatiques, et leurs trajectoires historiques (glaciation, usage des sols), les écosystèmes de haute-montagne accueillent une biodiversité exceptionnelle, dont de nombreuses espèces menacées.

En plus de remplir de nombreuses fonctions écologiques (contrôle de l'érosion des sols, régulation hydrologique, stockage de carbone...), les écosystèmes montagneux accueillent de nombreuses activités de plein air. Par leur nature difficilement praticable, ils restent assez préservés de l'activité humaine, mais pas entièrement : le tourisme, le ski, les randonnées hors-sentier ou l'aménagement de voies et tunnels sont autant de pressions sur leur état et leur biodiversité.

Fonte des glaciers / Urbanisation / Destruction des zones humides / Fragmentation / Pollutions / Surpâturage
(Efese, 2018a)

#4
milieux agricoles
principales menaces

En France, environ 54% du territoire sont dédiés aux activités agricoles. Cette surface comprend les terres arables, les surfaces toujours en herbe (prairies permanentes) et les cultures permanentes (vignes, vergers...).

Les écosystèmes dans lesquels s'inscrivent ces activités ont plusieurs composantes : les couverts végétaux gérés (les champs), les auxiliaires de cultures (les chasseurs de nuisibles, les pollinisateurs), la macro et mésofaune du sol (les acariens et invertébrés), les communautés microbiennes du sol, et la matière organique du sol. Les interactions entre ces éléments assurent de nombreuses fonctions écologiques : pollinisation, contrôle de l'érosion, structuration du sol, stockage et restitution de l'eau, stockage de carbone (régulation du climat), régulation de la qualité de l'eau, etc.

Pollutions chimiques (pesticides) / Perturbations des cycles naturels (fertilisants, eau...) / Dégradation des sols / Pertes d'eau / Sécheresse / Gel / Ravageurs
(Inra, 2017)

#5
milieux forestiers
principales menaces

Les forêts françaises métropolitaines occupent près du tiers du territoire métropolitain, et se situent majoritairement dans le sud-est du pays, dans les plaines et collines. Elles sont privées pour les trois-quarts. La France compte également plus de 9 millions d'hectares de forêts ultramarines, majoritairement tropicales, avec une biodiversité riche.

Depuis un minimum atteint vers 1820, les forêts françaises ont vu leur surface augmenter continuellement, par les actions conjuguées de la déprise agricole, de politiques volontaristes et de désindustrialisation, qui a délocalisé l'exploitation forestière à but énergétique.

Elles souffrent cependant de tempêtes et sécheresses à répétition depuis plusieurs décennies, et sont fragiles face à un contexte de dérèglement climatique croissant.

Incendies / Stress hydrique / Pollution atmosphérique Disparition des habitats / Exploitation intensive / Espèces invasives
(Efese, 2018d)

#6
milieux humides
principales menaces

Ce type d'écosystèmes inclut tous les milieux où l'eau occupe une place centrale : rivières, lacs, tourbières, fleuves… Ces milieux remplissent de nombreuses fonctions : régulation de la qualité de l'eau, de l'air et des sols, atténuation des crues, régulation du climat global, pollinisation, etc. Ils permettent également la pratique d'activités de plein air, en plus de constituer un patrimoine naturel riche.

Depuis la Directive Cadre sur l'Eau de 2000, l'eau, la faune, la flore et les habitats des milieux aquatiques européens sont protégés et doivent être maintenus en "bon état", c'est à dire dans des conditions correspondant à une "influence très faible de l'activité humaine". En 2013, seuls 43,4% des cours d'eau et masses d'eau français étaient en très bon ou en bon état écologique.

Pollutions (azote, phosphore, métaux lourds, pesticides…) Destruction d'habitats / Fragmentation (obstacles sur les cours d'eau) / Espèces envahissantes / Surconsommation d'eau
Efese (2018e)

Présentation des protocoles

Bien qu'ils diffèrent d'un écosystème à l'autre, tous les exercices d'observation partagent un même objectif: apprendre aux participant·es à utiliser leurs sens pour percevoir les indices de l'état de santé d'un écosystème. Tandis que certains sont spécifiques à un écosystème, d'autres sont transverses. En voici quelques-uns des plus représentatifs.

Estimer la qualité de l'air grâce aux lichens

Les lichens, ces organismes issus d'une symbiose (une collaboration) entre une algue et un champignon, peuvent être très exigeants quant à la qualité de leur milieu de vie. Certains ne tolèrent que très peu la pollution atmosphérique, ce qui en fait de bons indicateurs de la qualité de l'air environnant.

Exercice

Grâce à un document d'identification [fourni aux participant·es], apprends à reconnaître les différents types de lichens et ce que leur présence signifie quant à la qualité de l'environnement. Prends note des lichens observés autour de toi et propose une conclusion quant à la santé de l'écosystème.

Evaluer le paysage olfactif d'un écosystème

Les échanges de signaux chimiques (dont les odeurs sont le témoin) ont une grande importance dans le fonctionnement des écosystèmes. Les activités humaines tendent à dérégler ces échanges, soit par l'émission directe d'odeurs nocives (moteurs, déchets...), soit indirectement, via l'augmentation du climat global qui modifie durablement le métabolisme des plantes.

Exercice

Arrête-toi un instant. Ton paysage olfactif est-il neutre (peu d'odeurs) ou chargé (beaucoup d'odeurs) ? Essaie d'identifier et de nommer le plus d'odeurs possible. Quelle est l'odeur dominante ? Ces odeurs sont-elles majoritairement d'origine naturelle ou artificielle ?

Estimer l'état de santé d'une forêt

Évaluer le déficit foliaire

L'état de santé des arbres est une composante fondamentale de l'état de santé d'un écosystème forestier (logique !). Pour estimer celui-ci, on peut se référer au déficit foliaire, une mesure de la perte en feuillage des arbres qui peut avoir des causes variées : un manque d'eau, la présence de certaines maladies, des sols de mauvaise qualité, ou encore des événements climatiques récents. Repérer les espèces bio-indicatrices en ville.

Conséquence inévitable de l'urbanisation, la bétonisation tend à asphyxier et à polluer les sols, qui deviennent hostiles aux espèces végétales et animales. Certaines plantes ont cependant la capacité de s'épanouir sur des sols pauvres et pollués, ce qui en fait de bons indicateurs de la santé globale d'un écosystème urbain.

Exercice

À l'aide des images et des critères d'identification fournis [document fourni aux participant·es], identifie les plantes qui t'entourent, et propose une conclusion quant à la qualité des sols et à la santé globale de l'écosystème.

Evaluer le paysage sonore d'un écosystème

Les bruits qui peuplent un écosystème sont un bon indicateur de sa santé globale. En effet, de nombreux animaux communiquent par voie sonore et utilisent le son pour se repérer dans leur environnement ; ils sont donc affectés par les bruits qui perturbent ces fonctions, dont les sources sont nombreuses : transports (routes, trains et avions), industrie (machines), voisinage (musique), travaux, éoliennes… À l'inverse, un environnement riche en bruits naturels (chants d'oiseaux, insectes, écoulement de l'eau, vent…) peut témoigner d'une biodiversité riche et d'un retrait relatif des activités humaines.

Exercice

Mesure la nature et la puissance des bruits qui t'entourent. Le paysage sonore est-il plutôt calme ou plutôt chargé (sur une échelle de 1 à 5) ? Ces bruits semblent-t-ils majoritairement d'origine non-humaine ou humaine ? Essaye d'identifier et de nommer le plus de sources sonores possible.

3
Réorienter la société autour de la santé

Au-delà d'une transformation des pratiques de soin, l'application des principes de la santé planétaire a des conséquences profondes sur nos manières d'organiser nos sociétés. De la recherche systématique des co-bénéfices environnement-santé à la prise en compte de la santé planétaire dans toutes les politiques et à tous les niveaux, en passant par le remplacement du PIB comme boussole nationale, imaginons maintenant ce à quoi pourrait ressembler une société axée sur l'atteinte d'un bien-être universel au sein des limites planétaires.

3.1. vers des synergies sanitaires-écologiques

Si la santé humaine dépend fondamentalement du maintien de milieux naturels en bon état[130], alors en préservant ces derniers, c'est l'ensemble des bénéfices

130. En d'autres termes, de notre capacité à ne pas dépasser les limites planétaires.

physiologiques et psychologiques que leur contact nous apporte qui s'en trouvent également préservés. Ceux-ci sont désormais largement documentés : meilleure santé générale, amélioration du bien-être perçu, réduction du stress, de la mortalité due aux maladies circulatoires et respiratoires, des troubles inflammatoires, de l'obésité, de l'incidence des maladies infectieuses, effets positifs sur les processus mentaux et le comportement, sur l'humeur, la créativité[131]... Les bénéfices sanitaires tirés d'écosystèmes en bonne santé sont innombrables, et leur préservation, en plus de constituer un prérequis à toute politique sanitaire, constitue déjà en soi une telle politique.

La corollaire est également vraie : lorsque les populations sont en bonne santé, elles sont d'autant plus aptes à faire face aux conséquences des dérèglements écologiques. En investissant dans les relations sociales, en luttant contre la solitude, en combattant l'émergence de maladies chroniques et en réduisant les risques de comorbidité, on améliore ainsi la résistance des populations face aux risques de santé en général, et aux menaces écologiques en particulier.[132]

Pour penser ces synergies entre préservation des écosystèmes et amélioration de la santé humaine, notamment dans sa dimension sociale, Eloi Laurent

131. Laurent, E. *Et si la santé guidait le monde ?*, Les Liens qui Libèrent, 2020

132. *ibid*

nous invite à les considérer sous la forme d'une "boucle de rétroaction sociale-écologique". En suivant le cours de cette boucle, les réactions en chaîne positives découlant de la mise en place de politiques sociales, écologiques et sanitaires se révèlent : une politique de préservation de la biodiversité fait progresser l'espérance de vie humaine en bonne santé, ce qui permet d'économiser des dépenses sociales, et ainsi libérer des fonds qui peuvent alors être investis dans de nouvelles politiques écologiques et sociales, améliorant en retour la santé des populations, et ainsi de suite.

Contrairement à certains discours, les enjeux écologiques et sociaux apparaissent ici non pas comme opposés mais complémentaires. Dès lors, il devient possible d'envisager une société guidée par la recherche des co-bénéfices entre ces deux enjeux. Un constat qui appelle à une transformation radicale des politiques (de santé, mais pas seulement), comme l'explique Gwenola Le Naour : "*Les politiques de santé sont surtout définies en référence à l'individu ; la plupart des actions (...) mettent l'accent sur la responsabilité individuelle (tabac, obésité etc). Ça marche sur le court terme mais pas sur le long terme, si on était plus malins on agirait sur des variables de type inégalités sociales de santé, des variables socio-environnementales... Il faut réfléchir aux variables collectives, c'est là où il faut travailler le politique.*"[133]

133. Entretien avec Gwenola Le Naour.

3.2. Changer de boussole plutôt que d'outils

Inventé dans les années 30 pour mesurer les effets de la Grande Dépression sur l'économie états-unienne, le Produit Intérieur Brut (PIB) comptabilise et agrège la valeur de l'ensemble des biens et services produits au sein d'un pays sur une période donnée. Depuis, il sert de principal indicateur de mesure du niveau de développement des pays, et sert de cap pour orienter les politiques publiques et économiques des pays.

Une telle place doit aujourd'hui être questionnée tant le PIB est aveugle aux déterminants essentiels du bien-être humain : respect des limites planétaires, inégalités sociales, accès à des biens de première nécessité... Comme le résume Cyrille Harpet, philosophe des sciences et anthropologue, "*ce n'est pas parce qu'une population croît et son PIB avec que les gens vivent bien.*"[134] À l'inverse, de plus en plus d'études démontrent une corrélation étroite entre augmentation du PIB et dégradations environnementales, et donc sanitaires. Ainsi, comme le souligne Serge Morand, "*une augmentation du PIB ne rend pas forcément heureux la population, en tout cas toute la population, alors qu'elle a des impacts environnementaux énormes.*".[135]

Dans l'optique d'une transition vers une société guidée par les principes de la santé planétaire, il semble

134. Entretien avec Cyrille Harpet.

135. Entretien avec Serge Morand.

donc nécessaire, et urgent, de remplacer cet indicateur par une boussole plus à même de rendre compte de l'état de santé des populations et de ses déterminants. Pour Serge Morand, la solution réside dans le fait de "*développer des indicateurs ou des budgets bien-être.*"[136] Eloi Laurent abonde en ce sens, plaidant pour la mise en place d'un "tableau de bord de pleine santé", qui combinerait de tels indicateurs et au centre duquel se trouverait l'espérance de vie. Selon lui, cette dernière est "*un indicateur qui, contrairement au PIB, permet de tenir compte à la fois des inégalités sociales et des crises environnementales*"[137]. En effet, l'espérance de vie étant entièrement déterminée par les conditions de vie des individus, elle permet, en un chiffre, de révéler les inégalités de santé liées à la position sociale, à l'origine ethnique, à l'implantation géographique, au genre, au travail et à de nombreux autres déterminants. Elle devient d'autant plus révélatrice lorsque l'on y accole le paramètre "en bonne santé", qui "*détermine l'âge auquel les problèmes de santé commencent à peser lourdement sur l'existence de tous les jours*"[138] et permet ainsi de mettre au jour des différences de qualité de vie entre les groupes sociaux.

136. *ibid*

137. Laurent, E. op cit. p.18.

138. *ibid.*

LA TENTATION TECHNOSOLUTIONNISTE

Face au constat d'une santé affectée par des déséquilibres écologiques, certains auteurs (se réclamant d'ailleurs de la santé planétaire) préfèrent insister sur la nécessité de se doter de nouveaux outils technologiques.

L'ouvrage *Santé Planétaire*, écrit par Sam Myers et Howard Frumkin et traduit en français en 2022, s'inscrit dans cette lignée. Les auteurs préconisent par exemple, pour pallier la perte de qualité nutritive des aliments liés à l'augmentation des taux de CO2 dans l'atmosphère, le déploiement à grande échelle de technologies agricoles de précision : GPS embarqué dans les véhicules agricoles, station météo connectée, télédétection par drone ou satellite[139]... Le rapport *Préserver la santé humaine à l'heure de l'Anthropocène* (2015) augurait déjà de ce positionnement, en recommandant notamment le recours au génie génétique et aux biotechnologies afin d'améliorer la performance des semences, notamment via "*la sélection moléculaire, l'utilisation de plantes compagnes et la modification génétique.*"[140]

139. Bricout, M. et al., *Agriculture de précision*, Dico d'Agroécologie, 2022

140. Whitmee et al., *Op. cit.*, p.1998

Dans un article paru dans la revue Terrestres[141], Pierre-Marie David et Nicolas Le Dévédec proposent une critique de cette formulation des enjeux de santé planétaire et des solutions qui en émergent. Selon eux, mettre l'accent sur les capacités des innovations technologiques et financières à nous sortir de la situation actuelle relèverait d'une volonté d'agir au sein du système actuel, tout en conservant ses structures fondamentales. Or, comme ils l'expliquent, ce sont ces mêmes structures (notamment la croissance du PIB comme boussole politique) qui sont responsables de cette situation : "*en liant les enjeux environnementaux et sanitaires à la croissance économique, ces solutions financières bloquent la mise en place d'une véritable santé écologique qui nécessite précisément l'inverse : s'affranchir du raisonnement financier qui conduit à un extractivisme et à une exploitation toujours plus importante des ressources de la planète.*" Plus encore, une telle vision relève d'après eux d'une conception "*dépolitisée et désocialisée*" de l'Anthropocène.

À l'inverse de cette tentation, il convient aujourd'hui d'identifier clairement les

141. David, P.M. et Le Dévédec, N. *Santé Planétaire, santé extraterrestre ?* Terrestres, 2023

structures responsables de la situation actuelle, les personnes qui en bénéficient et celles qui en pâtissent, et ainsi chercher des solutions de transformation plutôt que de conservation de ces structures.

Ainsi, pour Éloi Laurent, "*on comprend difficilement pourquoi ce n'est pas l'espérance de vie qui guide les politiques publiques au XXIe siècle en lieu et place du défaillant produit intérieur brut et de son aveuglante croissance. Les deux impensés majeurs du PIB et de la croissance que sont les inégalités sociales et les crises écologiques, l'espérance de vie permet de les percevoir au moins en partie.*"[142] D'autres éléments propres à la santé des humains (mortalité infantile, incidence de certaines maladies, accès à des écosystèmes sains...) pourraient intégrer ce nouveau tableau de bord des politiques publiques. Une fois mis en place, le plus dur toutefois reste à faire : réorganiser les activités de nos sociétés en profondeur, de telle sorte que ces indicateurs soient au vert.

3.3. La santé planétaire dans toutes les politiques

Comme nous l'avons vu précédemment, améliorer la santé des habitants d'une société tout en diminuant son impact environnemental suggère de

142. ibid, p.25.

rechercher les “co-bénéfices environnement-santé” : des mesures permettant de remplir ces deux objectifs simultanément.

C’est par exemple le cas de la réduction de la place des voitures en ville au profit des mobilités douces, qui permet à la fois de réduire l’impact écologique du secteur automobile (rejet de gaz à effets de serre, routes fragmentant les écosystèmes et impactant négativement la biodiversité...) tout en améliorant la santé des riverains (air plus pur, réduction du stress lié au bruit, du danger de mortalité sur la route, bénéfices sanitaires de la pratique du vélo et de la marche...). Dans un document intitulé *La nécessaire prise en compte des co-bénéfices dans l’évaluation des politiques climatiques*, la Commission de l’Economie et du Développement Durable cite également l’exemple de la végétalisation de l’alimentation, qui permet de réduire les émissions de gaz à effet de serre, l’usage des terres et les pertes de biodiversité liées à l’agro-industrie, tout en réduisant le risque de maladies non infectieuses lié à une alimentation carnée[143]. À une échelle plus globale, le récent rapport du *Lancet Countdown on health and climat change*, présenté plus tôt, désigne la lutte pour une sortie mondiale des énergies fossiles comme une mesure phare en faveur la santé des populations, notamment au vu des 1,9 million de décès annuels

143. *La nécessaire prise en compte des co-bénéfices dans l’évaluation des politiques climatiques*, Ministère de la Transition Ecologique, 2021

causés par la pollution aux particules fines, et des 78 décès pour 100 000 personnes associés à la pollution de l'air intérieur.

Penser des politiques axées autour des co-bénéfices santé-environnement présente également l'avantage de multiplier les points d'intérêt potentiels pour les citoyen·nes ainsi que pour les dirigeant·es susceptibles de les implémenter. Comme le souligne Mélanie Popoff : "*si je dis à la mairie qu'il faut construire des pistes cyclables pour diminuer les gaz à effet de serre, on ne va pas forcément m'écouter. Par contre, si je dis que les pistes cyclables vont favoriser l'activité physique, qu'il y aura moins de voitures, donc moins de crises d'asthme qui saturent les urgences, moins de coûts de santé liés au bruit, plus d'arbres et donc un retour de la biodiversité en ville, ce qui diminue le stress et d'anxiété… C'est tout de suite plus parlant, et ça a plus de chance de déboucher sur de réelles mesures.*"

Une autre étape, plus ambitieuse, est de porter la prise en compte de ces enjeux dans la totalité des politiques publiques, et ce à tous les niveaux. Fruit de réflexions sur la nature et les déterminants de la santé des populations, l'approche "Santé dans toutes les Politiques" est définie par l'OMS comme "*une approche intersectorielle des politiques publiques qui tient compte systématiquement des conséquences sanitaires des décisions, qui recherche des synergies et qui évite les conséquences néfastes pour la santé afin d'améliorer la santé de la population et l'équité en santé*[144]." Comme son nom l'indique, elle vise ainsi à promouvoir la prise en compte des enjeux de santé dans l'ensemble des décisions politiques, dans tous les secteurs et à tous les niveaux.

> "En dehors de quelques exemples isolés, les institutions françaises sont globalement inadaptées à l'intégration de la santé dans toutes les politiques."

Bien qu'elle constitue un horizon encore lointain, certaines initiatives récentes semblent aller dans la bonne direction. Le PNSE4 cité en première partie en est un exemple, tout comme la loi Egalim de 2018, qui fait converger les enjeux agricoles, de santé et d'alimentation dans un objectif d'amélioration de la qualité des repas de la restauration collective[145]. Laurence Warin, auteure d'une thèse sur cette approche, souligne cependant qu'en dehors de quelques exemples isolés, les institutions françaises restent globalement inadaptées à l'intégration de la santé dans toutes les politiques. Elle déplore ainsi qu'en l'absence de règle de droit prévoyant son implémentation, la mise en œuvre de ce principe repose donc aujourd'hui exclusivement sur la volonté politique des acteurs susceptibles de l'appliquer.

144. OMS, *Ce qu'il faut savoir au sujet de la santé dans toutes les politiques*, 2017

145. *Webinaire – "La santé dans toutes les politiques publiques"*, ESPT, 2022

Cette absence de cadre n'empêche cependant pas des acteurs de la société civile de se mobiliser afin d'intégrer les enjeux de santé planétaire dans des domaines dont ils sont encore aujourd'hui absents. C'est par exemple le cas de l'association Santérritoire, fondée par Clément Crozet et Mélody Nicoud, tous deux membres de l'Alliance Santé Planétaire. Respectivement écologue et architecte de formation, ils œuvrent via cette structure à la construction d'environnements de vie favorables au vivant, en intégrant les principes de la santé planétaire aux pratiques d'aménagement des territoires. Dans le cadre d'un projet avec une communauté de communes, l'association a par exemple expérimenté le concept d'Étude d'Impact en Santé Planétaire, inspirée du principe d'Évaluation d'Impact sur la Santé (EIS)[146], qui permet d'estimer les effets potentiels d'un projet sur la santé des populations en prenant en compte l'ensemble des déterminants de santé. Partant de cette base, Santérritoire y a ajouté ce qu'elle nomme les "déterminants de la biodiversité", qui englobent l'ensemble des facteurs permettant aux milieux naturels de fonctionner correctement, et en a tiré une "roue des déterminants" augmentée de ces derniers. Cette dernière, représentée ci-dessous, résume l'ensemble des facteurs à prendre en compte lors de l'évaluation de l'impact d'un projet, afin d'estimer au mieux sa capacité à maintenir les environnements de vie

146. *Evaluation d'Impact sur la santé (EIS)*, ARS Nouvelle-Aquitaine, 2022

dans un état favorable à la santé du vivant dans son ensemble.

L'association joue également un rôle d'accompagnement et de mise en lumière des initiatives favorables à la santé dans les territoires, en les aidant à s'adresser aux élus locaux d'une manière qui réponde aux exigences politiques de ces derniers : "*les élus ont besoin de cocher des cases : il leur faut un projet qui traite à la fois de l'énergie, de la biodiversité, du climat... Si on réussit à proposer des projets qui réunissent toutes ces thématiques, ils seront plus facilement financés.*" Par son action, l'association montre ainsi que la santé ne se construit pas qu'à l'échelle de l'action publique nationale, mais également depuis les territoires, via l'action des personnes les plus à même de prendre soin des milieux de vie qui les entourent. Selon ses fondateurs, un territoire en bonne santé est ainsi "*un territoire où les acteurs sont en relation, qu'ils soient du monde de l'architecture, de la santé, ou de la biodiversité.*"

Ainsi, et en donnant un nouveau cap à nos actions, la santé pourrait demain jouer un rôle de convergence des intérêts sur les territoires. Ce faisant, elle devra toutefois veiller à ne pas provoquer un alignement "par le bas" de certaines demandes. Comme le pointe en effet Lauriane Geremie-Carlu, "*la friction n'est pas à éviter ; la démocratie consiste à se mettre autour d'une table et à trouver des moyens d'habiter ensemble qui ne relèvent pas du consensus mou.*" Loin de se limiter à un horizon utopique, la santé planétaire doit ainsi être comprise comme un champ dont les applications concrètes seront le fruit de rapports de force. En témoigne le lancement récent, par l'Alliance Santé Planétaire et les associations Bloom et Nuestro Futuro, d'une action en justice contre les actionnaires de l'entreprise Total Energies pour "*sa contribution au changement climatique et son impact fatal sur les vies humaines et non humaines.*"[147]

147. *Des ONG et victimes du changement climatique mettent les administrateurs et actionnaires de TotalEnergies face à la justice pénale*, Bloom, 2024

Conclusion

Dans cette partie, nous avons exploré les potentialités ouvertes par une première extension de One Health, en recourant notamment à une approche voisine. Non seulement décloisonnée, la santé devient ici planétaire, en s'inscrivant pleinement dans un contexte écologique, mais aussi social.

Ce faisant, la santé évolue ; et malgré de multiples obstacles administratifs, financiers, humains et matériels, de nouvelles pratiques alternatives voient le jour et font aujourd'hui l'objet d'une grande effervescence[148]. Au-delà de ce champ, c'est toute la société qui peut en réalité se redessiner autour d'un objectif de maintien de milieux de vie favorables à la santé du vivant dans son ensemble. Une société qui a pour boussole non pas le PIB mais des indicateurs sanitaires et socio-écologiques, et dans laquelle l'atteinte de co-bénéfices environnement-santé guide l'ensemble des décisions politiques à tous les niveaux. Autrement

148. La Fabrique des Santés, un collectif qui oeuvre à faciliter l'émergence de ces pratiques en les visibilisant, en les mettant en relation et en les accompagnant, en recense un certain nombre sur son site, où des webinaires permettent de découvrir les personnes qui les portent ainsi que leurs réalisations.

dit, et ainsi augmentée, l'approche One Health peut parvenir à mobiliser au-delà des cercles institutionnels et académiques, jusqu'aux praticien·es de la santé et aux citoyen·nes, et porte ainsi la possibilité d'un réel changement politique à grande échelle.

Subsistent toutefois différentes questions. Celle des conditions de réalisation de ce changement (comment opérer les ambitieuses transformations décrites dans ce chapitre et sur quels terrains mener cette lutte, de quelle manière, et avec quels alliés ?), mais également celle de notre manière de considérer les autres espèces qui peuplent notre planète. Dans cette partie, comme dans la précédente, elles n'étaient présentes qu'en creux puisque protéger la biodiversité avait avant tout l'objectif de préserver notre santé. Or, en poursuivant un tel objectif de la sorte, ne risque-t-on pas de maintenir un rapport instrumental délétère vis-à-vis d'elle ?

Ce sont à ces questions que nous tenterons de répondre dans la prochaine partie, qui nous verra aller un cran plus loin, et interroger les rouages politiques, productifs, économiques et culturels de la destruction du vivant. Cette partie dessinera alors les contours d'un troisième monde One Health, un monde où la santé n'est autre que la pratique collective de la préservation des conditions d'habitabilité de la planète par et pour tous ses habitants ; un monde où la santé est un *commun multispécifique*[149].

149. Multi-espèces, concernant plusieurs espèces.

Résumé

En quelques questions candides

Qu'est-ce qui a changé depuis la première partie ?

– One Health était une santé décloisonnée. Elle est maintenant aussi une santé planétaire (une référence à l'approche du même nom). Concrètement, cela signifie que One Health s'ancre réellement dans un contexte écologique (celui de la dégradation accélérée de la santé des milieux naturels causée par l'humain) et social (des populations inégalement exposées ou sensibles aux effets de cette dégradation).

Quels sont les impacts de cette nouvelle acceptation ?

– Déjà, de nouvelles pratiques de santé qui visent à redonner aux populations le contrôle sur les déterminants de leur santé, via la lutte contre les inégalités de santé, la gestion partagée des lieux de santé, la reconfiguration du rapport médecin-patient·e et la transformation écologique des pratiques et prescriptions de santé.

Mais encore ?

- Une société qui peut se réorganiser en profondeur autour d'objectifs de santé planétaire, avec le remplacement du PIB par une nouvelle boussole, des politiques publiques axées autour de la recherche des co-bénéfices environnement-santé, et l'intégration des principes de la santé planétaire dans toutes les politiques, tous les secteurs et à toutes les échelles.

Est-ce possible d'aller encore plus loin ?

- Oui : en s'interrogeant sur les racines profondes de nos organisations humaines ayant mené à ces comportements prédateurs vis-à-vis des milieux naturels que nous habitons.
- Mais aussi en cessant de mettre la santé humaine au centre des deux autres santés, c'est-à-dire en arrêtant d'avoir un rapport utilitariste et désintéressé à la santé du vivant.

"Si la déforestation est le moteur du débordement zoonotique en ce début de XXIe siècle, il faut se demander quel est le moteur de la déforestation."

Andreas Malm, maître de conférence en géographie humaine (*La chauve-souris et le capital*)

Partie 3 *Onehealth, comme santé commune*

Partager la santé grâce à de nouvelles cohabitations avec le vivant

---

Dans les deux précédentes parties, nous avons exploré deux façons différentes de considérer l'approche One Health. Dans la première, l'horizon était un décloisonnement des disciplines et des secteurs à tous les niveaux, devant permettre de mieux comprendre et maîtriser des émergences infectieuses qui se multiplient. Dans la deuxième, la prise en compte de l'ensemble des déterminants de la santé – entendue comme complet bien-être physique, mental et social – nous a conduit à imaginer une société axée autour du maintien des équilibres écologiques globaux.

Dans cette dernière partie, nous aborderons deux problématiques présentes en creux depuis le début de notre étude, mais pas encore frontalement abordées: la remise en cause de notre cosmologie[150] moderne et naturaliste, et celle du système économique et politique qui semble être à l'origine de la destruction du vivant en cours. Nous tâcherons ainsi de comprendre

---

150. Théorie élaborée par une société donnée sur la nature de l'univers, ses origines et les êtres qui le peuplent.

ces deux enjeux, la manière dont ils s'articulent, et le troisième monde One Health que leur dépassement laisse entrevoir. Nous nous intéresserons aux personnes, humaines ou non, qui luttent pour le faire advenir, et qui œuvrent en temps réel à la construction d'une santé moins anthropocentrée[151], extraite des rapports d'exploitation qui caractérisent le système actuel. Une santé conçue comme un commun multispécifique[152] ; une santé terrestre[153].

Dans les pages à venir :

1. **La nature, le capital et la santé**
   Trouver les causes profondes d'une santé commune dégradée.

2. **Une santé commune, multispécifique et territorialisée**
   C'est-à-dire réorganisée autour de nouvelles réciprocités.

3. **Construire et habiter des territoires de santé partagée**
   Les premiers champs d'application de cette vision.

151. Anthropocentrisme : conception philosophique qui appréhende la réalité à travers le prisme de la seule subjectivité humaine, reléguant le reste du monde naturel au statut d'objets.

152. Multi-espèces.

153. Terme proposé par Pierre-Marie David et Nicolas Le Dévédec dans *Santé Planétaire, santé extra-terrestre ?*, Terrestres, 2023

1
La nature, le capital et la santé

Dans cette partie, nous chercherons à comprendre les liens historiques entre l'imposition, dans nos sociétés occidentales, d'une séparation ontologique entre les humains et le reste du vivant, et celle d'un système économique productiviste et industriel, basé sur une exploitation globale du monde naturel. Comme nous le verrons, ce double mouvement est à l'origine d'une dégradation continue de la santé des êtres qui composent ce dernier, et il semble à ce titre urgent d'en inverser la tendance.

1.1. Changer de cosmologie[154] pour désanthropocentrer la santé

Jusqu'ici dans notre étude, la prise en compte des santés des animaux et des écosystèmes a eu pour objectif principal d'améliorer la santé humaine : soit en limitant les risques de transmission d'agents pathogènes entre les premiers et les humains (dans la

154. Théorie élaborée par une société donnée sur la nature de l'univers, ses origines et les êtres qui le peuplent.

première partie), soit via l'entretien d'environnements de vie favorables au bien-être de ces derniers (dans la deuxième). Bien que ces deux aspirations conduisent généralement à adopter des pratiques qui se traduisent par une amélioration de la condition du vivant dans son ensemble, notre rapport à ce dernier, que l'on peut qualifier d'utilitariste[155], pose question.

On peut en effet se demander si, pour considérer pleinement les interactions entre humains, animaux, végétaux et écosystèmes, nous pouvons continuer à percevoir la nature et le vivant comme nous le faisons traditionnellement dans les sociétés occidentales, c'est-à-dire comme des objets, ou du moins des sujets de moindre importance. Comme l'a montré l'anthropologue Philippe Descola, notre rapport actuel au non-humain (et la séparation stricte que nous opérons entre nature et culture), qu'il qualifie de "naturaliste", est en effet très contingente dans le temps et dans l'espace. Ailleurs[156], des communautés humaines entretiennent des rapports tout à fait différents au vivant (que l'on peut qualifier de "non-naturalistes") et considèrent les êtres vivants autres qu'humains comme des êtres sociaux à part entière. Ainsi, dans certaines communautés, comme celle des Achuar d'Amazonie étudiés par Descola[157], il n'existe pas de distinction

155. Car il ne lui est accordé de valeur que dans la mesure des bénéfices que sa préservation implique pour les humains ; on parle souvent à ce titre de services rendus par les écosystèmes.

156. Ou à d'autres époques sur les territoires occidentaux.

157. Descola, P. *Les Lances du Crépuscule*, Terre Humaine, 1993

claire entre le foyer et la forêt, ou entre les humains et d'autres espèces (ces dernières, animales comme végétales, étant souvent investies d'une âme humaine dont les mythes racontent l'origine).

Ces conceptions ont-elles un impact final sur la santé humaine et sur la santé globale ? C'est ce que tendent à montrer les travaux de l'anthropologue Nicolas Lainé, pour qui "*il sera dur de viser une santé globale tout en baignant dans un naturalisme qui est très prégnant, et qui dicte beaucoup de nos décisions politiques et économiques.*" En effet, si nous considérons que le vivant qui nous entoure n'est pas investi de la même valeur intrinsèque que les humains, mais seulement d'une valeur instrumentale, comment espérer le préserver correctement ? Comment prendre en compte les intérêts des individus non-humains qui le composent, et des écosystèmes qu'ils habitent, s'ils ne sont pour nous que des "ressources" ?

Face à ce constat, certains experts, comme l'anthropologue Frédéric Keck, se demandent si le renouveau de notre conception et de nos manières de pratiquer la santé ne serait pas à trouver du côté de ces sociétés non-naturalistes : "*C'est une des questions centrales de One Health : savoir si les savoirs autochtones sont une forme de préfiguration d'un rapport holiste à une santé planétaire. Si la façon dont certaines populations vivent avec des non-humains préfigurent de ce que nous devrions atteindre.*" Une question à laquelle s'intéresse également Claire Harpet, elle aussi anthropologue, et pour qui les communautés animistes et totémistes "*ont l'approche One Health insérée dans leur système de pensée.*" En effet, selon elle, "*le concept se reflète dans leurs mythes.*"

Dans l'ouvrage *Sortir des Crises: One Health en Pratiques*[158], elle cite l'exemple d'un mythe malgache, dans lequel un village est frappé d'une maladie inconnue causant de nombreuses morts suite à l'humiliation, la mise à mort et la consommation d'un lémurien. Le mythe raconte que le sorcier-guérisseur du village attribua cet événement à l'esprit de l'animal, désireux de se venger de la cruauté des humains, et que la consommation et la fréquentation de l'animal furent interdites à tous les villageois et leurs descendants. Selon Claire Harpet, le mythe joue ici un rôle à la fois explicatif (en liant ensemble des événements qui semblent disparates, la consommation et la maladie) et prescriptif (en encadrant les comportements sociaux), et sous-entend que "*pour préserver la santé, il faut tenir compte de l'homéostasie*[159] *de l'écosystème dans lequel vit et interagit la population humaine concernée*"[160].

"Dans nos sociétés occidentales, les mythes censés encadrer une cohabitation saine avec le reste du vivant semblent avoir été remplacés

158. Harpet, C. *One Health, un concept vieux comme le mythe!*, in *Sortir des crises: One Health en pratiques*, Quae, 2022

159. Régulation des paramètres d'un système pour le maintenir à l'équilibre (en santé humaine, l'homéostasie dépend de paramètres comme la pression artérielle, la température du corps, etc).

160. *Ibid.*, p.16

> par une forme de rationalité froide, qui justifie des pratiques mortifères et parfois contre-productives vis-à-vis de la santé humaine."

Ce précepte est au centre du cadre de pensée d'un autre peuple qui semble porteur d'une manière différente d'habiter le monde : les Kogis de Colombie. Dans le livre *Kogis, le chemin des pierres qui parlent*[161], le géographe Eric Julien raconte la rencontre entre ces amérindiens et un groupe de scientifiques de disciplines variées, invités à réaliser un diagnostic de santé territoriale du Haut Diois. Il y détaille la manière dont des formes de savoirs différentes ont pu être croisées lors de cette rencontre, et dont la conception désanthropocentrée de la santé d'un territoire que portent les Kogis remet en question nos propres pratiques d'aménagement. Ainsi, face à une source d'eau naturelle grillagée, les Kogis se trouvèrent incrédules de l'appropriation par l'humain d'un commun dont l'accès libre est pourtant nécessaire à la santé de l'écosystème entier : "*si vous décidez seuls de prendre toute l'eau, alors les oiseaux, les chevreuils, les sangliers, les insectes et tous les autres êtres vivants, que vont-ils faire (...) ? Ils auront deux solutions : mourir ou aller ailleurs. Dans les deux cas, s'il n'y a plus d'animaux, plus d'habitants, la forêt va dépérir et finalement, c'est la source qui va s'assécher et vous n'aurez plus d'eau.*"[162]

161. Julien, E., *Kogis : le chemin des pierres qui parlent*, Actes Sud, 2022

162. *ibid.*, p. 14

Ainsi, pour les Kogis, le territoire est un corps avec des fonctions organiques (les réseaux sanguins que sont les rivières, les réseaux respiratoires que sont les vents, les réseaux nerveux que sont les failles géologiques, etc.) et des équilibres qui doivent être préservés, au même titre que ceux du corps humain. En adoptant cette vision, les Kogis sont capables de poser un diagnostic tout autre que le nôtre quant à la santé de nos territoires. Alors que les scientifiques leur ont présenté une nature décrite comme "préservée", les Kogis voient quant à eux: des espèces disparues, des ressources devenues rares et des forêts appauvries. En somme, "*un territoire affaibli, malade que, par méconnaissance, nous ne soignons plus depuis longtemps.*"[163]. Comme le résume Eric Julien: "*C'est comme si la science occidentale devait redécouvrir timidement ce que toutes les cultures traditionnelles ont toujours su, c'est-à-dire que les humains que nous sommes sont des vivants parmi les vivants, en interdépendance avec la Terre, elle-même considérée comme un métaorganisme vivant*"[164].

En somme, la rencontre avec des cosmologies[165] différentes des nôtres permet de révéler la manière dont notre rapport actuel au vivant (à ce que nous appelons la nature), est historiquement et spatialement situé. Dans nos sociétés occidentales, les mythes censés encadrer une cohabitation saine avec le reste du

163. *ibid.*, p.51
164. *ibid.*, p.148 (ebook)
165. Visions globales du monde.

vivant semblent avoir été remplacés par une forme de rationalité froide, qui justifie des pratiques mortifères et parfois contre-productrices vis-à-vis de la santé humaine elle-même (abattages massifs d'animaux contaminés, surexploitation de milieux naturels…). Redécouvrir ces formes de savoir alternatives, ces manières d'être au monde qui ne servent pas les seules finalités utilitaristes des humains et ne réservent pas la catégorie de sujet à ces derniers, semble donc urgent.

Ce projet est au cœur du récent "tournant non-humain" décrit par Lena Balaud et Antoine Chopot, chercheur·euses en philosophie, dans leur livre *Nous ne sommes pas seuls*[166]. Pour les tenants de ce tournant, rompre la division entre culture et nature est une clé essentielle du dépassement du rapport instrumental que nous entretenons aujourd'hui avec cette dernière. Pour Baptiste Morizot[167], par exemple, les crises écologiques actuelles témoignent en réalité d'une "crise de la sensibilité" au reste du vivant. Selon lui, renouer avec cette sensibilité constitue une étape essentielle au renouveau de nos relations avec celui-ci, dont dépend fondamentalement notre santé. Mais pour d'autres, comme nous allons le voir, la source de ces crises multiples est moins à chercher dans notre cosmologie que dans un système économique basé sur l'extraction, l'accumulation et l'exploitation de ce vivant.

---

166. Balaud, L. et Chopot, A., *Nous ne sommes pas seuls : Politique des soulèvements terrestres*, Seuil, 2021

167. Philosophe rattaché au courant du tournant non-humain.

KOGIS, LE CHEMIN DES PIERRES QUI PARLENT

Normalement, le terme de diagnostic considère le territoire comme un "objet", mais ici, "l'usage du mot santé ouvre la porte à une hypothèse nouvelle dans nos sociétés modernes. Celle d'un "territoire vivant" non plus considéré comme un "objet", mais comme un "sujet" agissant, "acteur" de notre futur, dont nous serions un prolongement. Un sujet en "bonne" ou "mauvaise" santé, sur lequel et avec lequel interagit l'ensemble de ses habitants humains et non humains."

Julien, E., *Kogis : le chemin des pierres qui parlent*, Actes Sud, 2022

"Tous les animaux viennent ici pour boire, alors que vont-ils faire si le site est inaccessible ? Ils vont aller ailleurs, ils vont mourir. Et cela va déclencher des déséquilibres et c'est comme cela que les maladies arrivent, quand on ne respecte plus les règles, les lois et les pratiques qui ont été transmises par les pères et les mères spirituels".

"Comment allez-vous réparer cela ?
La Terre qui a été abîmée, les cours d'eau déplacés.
C'est comme si je faisais un trou dans votre ventre ou que je déplaçais vos veines, seriez-vous d'accord ?
Qui va réparer ?"

"Si nous ne respectons pas les animaux, la mère va se défendre. Elle va nous attaquer avec des changements climatiques, des épidémies, des tremblements de terre et bien d'autres phénomènes qui vont être très difficiles pour nous. Nous allons tomber malades, cela va affecter notre esprit, notre cerveau, nos veines, mais aussi les rivières, les montagnes, les forêts et les animaux".

"Sur la Terre, comme pour un corps humain, les lieux, organes, sont tous reliés, interconnectés. Ils communiquent entre eux, comme les montagnes. Chacune a un rôle, une fonction qui, reliées les unes avec les autres, maintiennent l'équilibre du tout. Il ne faut pas rompre ou abîmer ces relations, ces trames de vie."

"Le vivant et son expression, le territoire, seraient porteurs d'un ordre qui s'inscrit à la fois dans le temps et dans l'espace. Le non-respect de cet ordre serait source de déséquilibres, de maladies, d'épidémies qui s'incarnent dans nos corps, nos sociétés et l'écosystème dont nous dépendons, la Terre. Ces déséquilibres vont se multiplier. Ils sont psychiques, sanitaires, physiologiques, économiques, écologiques, climatiques".

1.2. Anthropocène, Pathocène… Capitalocène ?

Pour Gil Bartholeyns, historien et anthropologue, nous sommes entrés dans une nouvelle ère : l'anthropocène certes, mais surtout le "Pathocène", caractérisée par l'omniprésence des maladies chroniques et zoonotiques, et une forme de "*covidisation*" du monde. Toujours selon Bartholeyns, ce tournant est "*l'une des conséquences normales des violences endurées par toutes les formes de vie*"[168]. De cette violence, la consommation est l'un des avatars principaux, une consommation "*où, dans l'acte (…) de manger, de profiter de son dimanche, a été suspendue toute considération pour ceux qui en ont été la condition et la source (…) : les ouvriers du Sud global et les animaux.*" L'auteur pointe alors le rôle prédominant d'un système agroalimentaire industriel mondialisé, hors-sol, qui produit une promiscuité forcée entre certains habitats naturels et les "bombes sanitaires" que sont les élevages intensifs.

Pour la sociologue Jocelyne Porcher, la finalité du profit économique est l'élément central des dérives de ces systèmes industriels : "*il s'agit de produire de la matière animale (porcine, bovine…), vendable et rentable.*" Elle inscrit ainsi l'émergence de ces pratiques dans l'histoire du XIXe siècle, au cours duquel "*le capitalisme industriel s'installe*

168. Bartholeyns, G., *Le Hantement du monde, zoonoses et Pathocène*, Editions Dehors, 2021

et transforme toute la nature en ressources." Dans la même lignée, l'agro-industrie "*change l'animal en machine à transformer la cellulose des plantes en protéines bon marché*", et détruit par là-même les liens interpersonnels qui unissaient les animaux et les humains dans les élevages paysans. Jocelyne Porcher oppose alors ces derniers, au sein desquels il y a pour elle "*un travail vivant, fait avec des vivants, pour des vivants, pour servir la vie*", aux systèmes industriels, basés sur les techniques de la "production animale", et qui font intervenir "*du travail mort, c'est-à-dire effectué par des machines pour réaliser des profits.*" Cette transformation aura des conséquences désastreuses pour les animaux, qui "*deviennent eux aussi des ressources à exploiter et rentabiliser*", mais aussi pour le reste du vivant et pour la santé humaine : "*les systèmes industriels impliquent des rejets destructeurs pour l'eau, la biodiversité... Bref, il n'y a rien à tirer de ces systèmes, qui sont destructeurs à tout point de vue. D'ailleurs, les produits qui en sortent sont aussi médiocres pour la santé.*"

COMMENT ET POURQUOI L'ÉLEVAGE INTENSIF FAVORISE-T-IL LES ÉPIDÉMIES ?

Dans une tribune pour le média Reporterre, Jocelyne Porcher, sociologue et directrice de recherche à l'INRAE, se demande : alors que les transmissions virales entre animaux et humains font partie de notre histoire commune depuis des milliers d'années, *"qu'est-ce qui a changé ces dernières décennies pour que ces zoonoses se multiplient et soient rendues plus dangereuses et plus mondialisées ?"*[169]

Réponse : le déploiement mondial des élevages intensifs. Construits massivement depuis les années 1980, ces derniers trouvent leur source dans un modèle développé par des zootechniciens et vétérinaires français à partir des années 1770, basé sur l'art très rentable de "*tirer des animaux toute l'utilité possible*"[170]. De ce dernier découlent des pratiques d'une grande cruauté, comme l'absence de tout accès à l'air libre, l'élimination par broyage et gazage de poussins, des transports de plusieurs heures dans des conditions extrêmes, ou encore l'entassement de nombreux individus sur de très petites surfaces. Favorisé par les subventions publiques, ce modèle est en plein développement depuis plus de trente ans. Ainsi, comme l'explique l'association L214, dédiée à la défense des animaux, "*ce sont [aujourd'hui] plus de 8 animaux d'élevage sur 10 qui sont élevés en France en système dit « standard », c'est-à-dire en cages ou entassés dans des*

169. Porcher, J., *En Chine et en France, les élevages industriels de porcs sont une source de pandémies*, Reporterre, 2020

170. Bartholeyns, G., *Élevage industriel et pandémies : bienvenue dans le « pathocène »*, Reporterre, 2021

bâtiments, des enclos, des bassins, sans aucun accès à l'extérieur."[171]

En plus des conséquences directes pour le bien-être animal, ce modèle a pour particularité de favoriser l'émergence et la transmission rapides de maladies : entassés par milliers dans des lieux fermés, avec un code génétique standardisé et un système immunitaire fragilisé, les animaux sont victimes d'épidémies de plus en plus fréquentes. Selon l'OMSA, leur nombre a ainsi plus que triplé au cours des quinze dernières années[172]. Face à cette situation, et comme évoqué en première partie, la réponse est généralement biosécuritaire : isolement des animaux contaminés, contrôle et confinement permanent, et abattage massif en cas d'émergence infectieuse. Ce fut par exemple le cas lors de l'épidémie de peste porcine africaine, qui a conduit à l'abattage de plusieurs millions de porcs en Chine depuis 2018 (plus de la moitié du cheptel total du pays), dont les cadavres sont souvent jetés dans des fosses sauvages et des cours d'eau[173]. Alors qu'un certain nombre de ces maladies sont pour l'instant cantonnées aux populations animales (influenza aviaire, fièvre catarrhale ovine…),

171. *Elevage intensif : plus de 8 animaux sur 10 en France*, L214, 2024

172. Leclair, L., *Peste porcine, grippe aviaire… L'élevage industriel, source d'explosions* épidémiques, 2020

173. Porcher, J. *op. cit.*

d'autres sont transmissibles aux humains, ce qui amène certain·es expert·es à craindre que "*les prochaines pandémies [puissent] venir des industries animales*", et notamment états-uniennes, selon un rapport récent de l'Université de New York[174].

En somme, ces industries sont pour Jocelyne Porcher le lieu d'une forme de "*contagion de la souffrance*", à la fois physique et mentale, entre humains et animaux : "*Dans ces systèmes industriels travaillent des animaux et des humains, (...) donc si un virus ou une bactérie se propage, elle touchera les uns comme les autres. (...) Les animaux et les humains partagent souvent des problèmes aux poumons ou encore des problèmes d'arthrose. (...) On voit bien que dans ces systèmes, il n'y a qu'une*

"Si les pratiques d'élevage précèdent largement les crises sanitaires actuelles, c'est bien leur version industrialisée, dans laquelle les éléments naturels et les animaux y deviennent des ressources à exploiter afin de réaliser des profits, qui semblent être à l'origine de ces dernières"

174. Faure, Y. et Reinert, M., *Pandémies : la responsabilité de l'élevage intensif passée sous silence*, Reporterre, 2023

Andreas Malm, maître de conférences en géographie humaine, pointe lui du doigt deux autres conditions du système productiviste actuel: la déforestation et le transport mondial: "*L'abattage des arbres est (...) une ancienne pratique humaine. (...) En ce nouveau millénaire, c'est la production de marchandises qui ronge les forêts tropicales.*"[175]

Or, cette pratique est une source majeure d'émergence infectieuses: "*sur l'ensemble des maladies infectieuses apparues chez les humains entre 1940 et 2005, seules 2 pouvaient être imputées à la viande de brousse, contre 44% pour des changements d'affectation des sols, des transformations de l'industrie alimentaire et une intensification agricole.*"[176] Les transports de marchandises internationaux sont un autre facteur essentiel de transmission: "*le facteur qui a permis au covid 19 de se diffuser de la Chine à la planète entière est le transport mondial. C'est d'ailleurs la condition sine qua non d'une pandémie – le débordement du pathogène à lui seul ne suffit pas; il faut un réseau à travers lequel l'impulsion peut se propager.*"[177] Cyrille Harpet, enseignant-chercheur à l'Ecole des Hautes Etudes en Santé Publique, partage ce constat: "*dans le processus de mondialisation, plus on intensifie les échanges et plus on expose les populations à des facteurs de*

175. Malm, A., *La chauve-souris et le capital*, La Fabrique, 2020, p.64

176. *ibid.*

177. *ibid.*

risques de santé." Pascal Boireau, à propos du Covid 19, ne dit pas autre chose : "*quand un virus qui ne diffuse pas à plus de 2m se déplace de Wuhan à Paris, c'est qu'on l'a pris par la main, et donc que la cause première n'est pas le virus. Wuhan avant 2000 n'avait même pas d'aéroport international ; il n'y aurait donc jamais eu de crise covid à l'époque. Le coupable idéal est souvent le virus, la bactérie, le parasite, (...) mais on est très acteurs de la dynamique des agents infectieux par notre activité humaine.*"

Au-delà de pratiques agricoles hors-sol, il semble donc que l'ensemble de notre organisation économique mondialisée et de ses conditions d'existence, soient responsables de notre entrée dans l'ère des maladies décrite par Gil Bartholeyns. Ainsi, comme l'explique Camille Besombes, "*les émergences apparaissent (...) comme un devenir inexorable, tant elles sont liés à la généralisation de pratiques agro-industrielles intensives, et à la haute connectivité mondiale. Loin d'être un aléa naturel imprévisible, elles s'intègrent au sein d'un Anthropocène global, systémique, irréversible.*"[178] Pour Cyrille Harpet, cette compréhension suppose qu'il n'existe qu'une seule solution pour contenir durablement ces risques : "*Il faut arrêter le modèle dit du développement. Les décideurs n'ont que ce mot à la bouche (...) comme si*

178. Besombes, C. *Réensauvagements : vers une conception écologique et relationnelle de la santé*, Terrestres, 2021

c'était la panacée du progrès: occuper du territoire et produire des ressources."

Espérer sortir de cette ère semble donc impliquer de revoir fondamentalement cette organisation mondiale. C'est en tout cas ce que préconise Gwenola Le Naour: *"Il s'agirait de revoir notre système de production (notamment agro-alimentaire) de fond en comble, de réduire drastiquement l'utilisation de produits phytosanitaires, de consommer moins de viande, de réduire la surproduction... Au final, de revoir le capitalisme."* Andreas Malm abonde: *"défendre le monde sauvage contre le capital parasite relève désormais de l'autodéfense"*[179].

1.3. Changer de cosmologie, changer de système: quelle priorité?

Une fois cette double racine mise en évidence, par où commencer? Si certains estiment que rien ne pourra être fait sans un virage cosmologique d'ampleur, d'autres privilégient un renversement du capitalisme. Mais cette priorisation entre changement de cosmologie et changement de système productif a-t-elle réellement lieu d'être? Pour Balaud et Chopot, rien n'est moins sûr, et ce pour plusieurs raisons.

D'une part, si la conception d'une Nature externe aux sociétés humaines précède l'avènement du

179. A. Malm, *op. cit.*

système capitaliste, ce n'est que par l'advenue de celui-ci qu'elle obtient la potentialité destructrice. En retour, ce système a eu besoin d'une telle conception, sorte de passe-droit moral, pour imposer son projet de domination et d'exploitation gratuite de ce qui relevait désormais du domaine des objets, du passif, de l'arriéré qu'il convient "civiliser" : ressources, cultures non-occidentales, femmes, animaux... Ce n'est donc ni la cosmologie en elle-même, ni le système capitaliste seul, qui sont responsables de l'exploitation à grande échelle dont résulte notre entrée dans le Pathocène, mais les deux à la fois, s'entre-alimentant dans un rapport dialectique[180]. En ce sens, l'historien Jason W. Moore parle du capitalisme comme d'une "écologie-monde", "*une civilisation qui associe l'accumulation du capital, la poursuite de la puissance et la production de la nature en un tout organique.*"

D'autre part, et s'il est vrai que les humains sont la seule espèce disposant d'une capacité à s'auto-organiser en vue d'un objectif commun, les "puissances d'agir non-humaines" constituent selon Balaud et Chopot un atout inestimable dans la lutte contre la mise au travail généralisée du vivant et pour la réparation du monde. Ils citent ainsi plusieurs exemples où des puissances d'agir humaines et non-humaines ont été mises en commun afin de lutter

180. Moore, J. et Patel, R., *Comment notre monde est devenu cheap. Une histoire inquiète de l'humanité*, Paris, Flammarion, 2018

contre des projets destructeurs. Ce fut par exemple le cas à Mardié, près d'Orléans, où des activistes et naturalistes construisirent une plateforme dans une forêt menaçant d'être détruite afin d'y inviter un couple de balbuzards pêcheurs, espèce protégée dont l'installation pouvait mettre un terme au projet. Ou encore en Argentine, où des riverains de champs de soja contaminés aux pesticides confectionnèrent des "bombes à graines" d'Amarante, une plante au développement très rapide et résistante aux pesticides, capable de générer jusqu'à 70% de pertes de rendement dans les champs attaqués. Dans cette lignée, les deux auteurs rappellent que les humains, seuls, ne peuvent prendre en charge la nécessaire réparation des écosystèmes : "*seules les forêts savent recréer des forêts, seuls les insectes savent recréer du sol et décomposer du bois, seules les feuilles savent faire de la photo-synthèse.*"[181]

En somme, construire une alternative au système capitaliste mondialisé et sortir de notre cosmologie naturaliste sont deux objectifs allant de pair. Comme le résument Balaud et Chopot : "*la critique des rapports de domination au nom de l'égalité et de la liberté humaines, et la réinvention sensible et intellectuelle d'un autre rapport moins destructeur à la toile du vivant sont en tout point devenues indissociables.*"[182] Une fois ce constat posé, comment dépasser

181. Balaud, L. et Chopot, A. *op cit.*

182. *ibid.* p.113

le domaine de la critique pour entrer dans celui de la proposition ?

Dans la partie qui suit, nous tenterons de définir les conditions matérielles d'une santé partagée pour l'ensemble du vivant, à rebours des rapports actuels de séparation et de domination entre humains et non humains.

Entretien avec
Nicolas Lainé
Ethnologue spécialisé
sur les les relations homme-animal,
la santé, et les savoirs locaux
(ethno-vétérinaires)
en Asie du Sud et du Sud-Est

Pour commencer, en quoi consistent vos travaux et par quelle approche sont-ils motivés ?

Je m'intéresse depuis le début de mes travaux aux relations homme-animal sous l'angle des savoirs locaux, avec un fort attachement aux enquêtes de terrain et au travail des éleveurs. Initialement, mes travaux concernaient surtout la conservation de la biodiversité. Mais ils ont rapidement évolué vers la santé ; ce sont d'ailleurs des questions intimement liées.

En particulier, je m'intéresse à la manière dont les savoirs locaux des éleveurs se construisent avec les animaux et avec l'environnement, mais aussi à l'évolution de ces savoirs dans un contexte de déclin de la biodiversité. Par exemple, dans mes recherches, je m'aperçois que les personnes vivant avec les éléphants observent ce que ces derniers consomment, et intègrent certaines techniques dans leur propre médecine locale. Créant ainsi une sorte d'hybridation entre savoirs locaux, bio-médecine et médecine moderne.

J'ai beaucoup travaillé sur les éléphants (en Inde et au Laos) et depuis deux ans, je mène un projet sur l'élevage extensif de buffles, en Thaïlande. Il s'agit d'un projet multi-disciplinaire[183], avec un botaniste, un biologiste moléculaire, un spécialiste en études environnementales. Ensemble, nous étudions les relations des éleveurs avec leurs buffles, et nous tâchons de revaloriser certains savoirs en les "rationalisant" avec des savoirs dits plus scientifiques (par exemple en étudiant la composition des sols d'une zone jugée dangereuse car remplie d'esprits ou de maladies).

Sur ce dernier projet sur l'élevage extensif de buffles, quelles sont vos hypothèses de recherche, et qu'essayez-vous de comprendre ?

Ce système d'élevage est intéressant à plusieurs titres car les buffles sont laissés six mois dans les forêts environnantes (et sont donc en contact avec de la faune sauvage), puis ils reviennent dans les villages où ils ont un rôle écologique. Dès lors, notre question est d'évaluer dans quelle mesure l'accès des buffles à une diversité de plantes renforce leur microbiote et leur système immunitaire. Ce faisant, et même si l'on

183. Multi-disciplinarité : appréhension d'un objet d'étude par la mobilisation de plusieurs disciplines en parallèle, suivie d'une confrontation des conclusions.

essaye de ne pas avoir d'idée préconçue, on valorise ce mode d'élevage (et les pratiques ethno-vétérinaires), d'autant qu'à quelques kilomètres à peine, il existe un élevage industriel qui peut nous servir de population témoin.

La santé est donc au cœur du projet, et il existe différentes manières de l'appréhender. Tout d'abord, avec les pratiques locales de santé, en documentant les plantes médicinales utilisées. Ensuite à travers le sujet de la santé dite rituelle, c'est-à-dire l'ensemble des activités rituelles qui participent à la gestion et au bien-être des buffles. Ces rituels impliquent parfois des sacrifices d'animaux, et on cherche à révéler leur possible rationalité médicale, c'est-à-dire à traduire des pratiques peu valorisées ordinairement en un langage qui fasse sens pour les chercheurs. Enfin, on étudie aussi ce que consomment les buffles en cas de maladie, pour évaluer s'ils ont conscience d'être malade ou non, et si cet état génère certains comportements de soin. En l'occurrence, on s'aperçoit qu'en cas d'indigestion, les buffles se dirigent vers certaines espèces de jeunes pousses (parmi les centaines disponibles) pour se faire vomir. Ce troisième volet recoupe la question des savoirs animaux, qui ne sont pas pris en compte dans les savoirs modernes.

Une autre hypothèse que je creuse depuis peu est celle de l'évaluation de l'impact des rituels sur la mobilité animale : comment est-ce que des offrandes faites dans la forêt peuvent attirer certains animaux ou en répulser d'autres. Par exemple, l'odeur très forte des racines de taro éloigne les éléphants et peut permettre de protéger certaines zones de rizières. De la même façon, certaines offrandes semblent destinées à contenir les buffles proche du village à un certain moment de l'année, pour éviter qu'ils repartent dans la forêt. Dans ces rituels, il semble bien qu'au-delà du symbolique qui est très fort, il y ait aussi un aspect pratique.

Il semble y avoir une volonté très forte dans votre travail: celle de rationaliser et de valoriser des savoirs autrement disqualifiés car jugées superstitieuses, archaïques, ou seulement instinctives lorsqu'il s'agit de l'animal.

Il s'agit en effet de rationaliser sans enlever de la complexité. Quand on rentre dans le monde des esprits au niveau local, c'est infiniment complexe, c'est toute une ontologie[184] qui est convoquée et qui diffère de notre vision occidentale. Mon objectif est bien de faire dialoguer ces différentes approches pour élargir le panel de solutions envisagées. En tant qu'anthropologue, c'est d'ailleurs mon rôle: réaliser un travail de médiation entre différentes rationalités et différentes visions du monde. Cela ne signifie pas nécessairement de mettre les savoirs locaux sur un piédestal mais simplement de les considérer de façon équitable, décolonisée pour produire et envisager avec eux d'autres solutions.

184. Manière d'appréhender le réel, et notamment les relations entre l'humain et le non-humain.

Si l'on se rattache à la typologie des ontologies de Descola (qui est sans doute imparfaite sur le terrain), peut-on qualifier les rapports que vous avez observés d'animistes ? D'ailleurs, peut-on, selon vous, atteindre une meilleure santé globale dans des sociétés qui resteraient naturalistes ?

En effet, il n'y a pas que quatre rapports au monde, mais c'est une grille qui permet un premier dialogue. Si je devais ranger ma population dans cette typologie, je la qualifierais en effet d'animiste (pas à 100% cependant : il y a aussi un peu d'analogisme). Une anecdote permet d'ailleurs d'appréhender les liens et les attachements entre homme et animal sur mon terrain : l'an dernier, deux villageois sont morts du covid, et peu de temps après, un buffle a donné naissance à des jumeaux. Comme cela est très rare, un lien a été tissé entre les deux événements. Ces liens sont aussi pratiques que symboliques. Il est évident que si on parle du naturalisme que décrit Descola, il faudrait totalement le déconstruire, et revenir à un mode de vie plus harmonieux et respectueux. On observe d'ailleurs déjà des formes d'hybridation, d'emprunt, de recomposition. Bruno Latour l'avait d'ailleurs très bien noté : nous ne sommes pas si naturalistes que ça, à commencer par les chercheurs dans les laboratoires. J'aime bien le thème d'hybridation, d'autant que dans notre monde globalisé, on a accès à tout un ensemble de pratiques. En tout cas, il sera dur de viser une santé globale tout en baignant dans un naturalisme qui est très prégnant et qui dicte beaucoup de nos décisions politiques et économiques.

2
Une santé commune, multispécifique et territorialisée

D'après Balaud et Chopot, "*si nous voulons conserver ce qui compte le plus pour nous – les liens, la présence physique aux autres, pouvoir vivre au-dehors, faire l'expérience de la nature*" – composantes essentielles de la santé conçue comme bien-être physique, mental et social – "*il n'y a pas d'autres voies que (...) l'arrêt de ces modes de vie destructeurs, et (...) l'interdiction principielle de toute accumulation privative*", une conception qui s'oppose selon eux à un "*paradigme de la santé individualisée, anthropocentrée.*"[185] En somme, deux modèles semblent s'affronter. D'un côté, une société organisée autour de l'accumulation privée des richesses, qui met l'ensemble du vivant au travail et dégrade les milieux de vie comme la santé de leurs habitants. De l'autre, une société organisée autour de la reconnaissance des interdépendances profondes entre les êtres qui composent le vivant, et d'une responsabilité partagée dans l'entretien et la restauration des milieux de vie qui conditionnent leur santé. À quoi ressemble la santé dans ce second paradigme ?

185. 148. *ibid.*, p.386

Qu'implique concrètement "*la reconnaissance de la santé comme un commun multispécifique*" ?

2.1. La santé, un bien commun...

Gilles Allaire, économiste à l'Inrae, définit les communs comme "*des ressources partagées*" faisant l'objet d'une gestion commune[186]. Bien que leur origine remonte aussi loin que celle de l'humanité, on mobilise souvent le concept de communs pour décrire l'enclosure des communaux qui eut lieu en Angleterre au XVIIe siècle, lors du passage du système féodal au système capitaliste. Alors que les populations jouissaient d'un accès libre aux terres détenues par les propriétaires fonciers (pour y laisser paître leurs moutons, pratiquer la cueillette, etc.), ces derniers commencèrent à en fermer l'accès, jetant de grandes parties de la population dans la pauvreté et les forçant à aller travailler dans les usines nouvellement ouvertes pour assurer leur subsistance.

L'accès aux communs ainsi que leur gestion apparaît dès lors comme un sujet éminemment politique, qui cristallise des visions différentes de la manière de faire communauté autour des milieux naturels que nous habitons. Garrett Hardin, écologue américain, se rendit célèbre en 1968 par la publication d'un essai

186. Allaire, G. *Les communs, de l'invisibilité à de nouveaux horizons, in Ecologies, le vivant et le social,* La Découverte, 2023

intitulé *La Tragédie des Communs*[187], dans lequel il argumentait en faveur de la propriété privée comme seul moyen d'assurer la subsistance sur le long terme des ressources communes. Partant d'un modèle abstrait illustrant la compétition interpersonnelle entre des bergers pour l'utilisation de pâturages pour leurs troupeaux, il concluait en effet que le libre usage des communs conduit nécessairement à leur épuisement. En 2009 cependant, l'économiste Elinor Ostrom reçoit le prix Nobel d'économie pour son travail dans lequel elle remet en question la conception de Hardin, démontrant la nature simpliste de son modèle et sa négligence d'un fait majeur : la capacité des communautés ayant accès à des communs à s'organiser pour établir des règles collectives d'utilisation durable.

Partant du travail d'Ostrom, la Coop des Communs, association dédiée à la réflexion et à la diffusion de connaissances autour du concept de communs, caractérise plus spécifiquement ces derniers comme la combinaison de trois facteurs : 1 – une ressource en accès partagé ; 2 – un système de droits et d'obligations qui en médient l'accès ; 3 – des règles de contrôle et de gestion des conflits. Ainsi, bien que les communs désignent généralement des ressources tangibles (un lac, une forêt…), cette définition peut aussi concerner une entité intangible, comme la santé, du moment qu'une communauté s'organise autour de son maintien.

187. Hardin, G., *The Tragedy of the Commons*, Science, 1968

2.2. ...partagée avec les autres espèces...

Mais qu'en est-il de l'aspect multispécifique ? En effet, si la gestion d'un commun suppose l'établissement d'une communauté capable de s'autogouverner et d'établir des règles de gestion, comment penser l'inclusion d'êtres dont les modes d'expression et d'être au monde sont radicalement différents de ceux des humains ?

Dans leur livre *La Condition Terrestre*[188], Sophie Gosselin et David Gé Bartoli nous livrent quelques éléments de réponse. Selon eux, faire communauté repose avant tout sur la mise en œuvre continue de pratiques de réciprocité, sur l'entretien des relations qui lient les membres de la communauté : "*Le lien à la Terre n'est pas un lien de filiation naturelle, mais un lien d'attachement qui oblige à la réciprocité.*"[189] Gosselin et Gé Bartoli étendent ainsi l'acception de ce qui constitue un commun au-delà de la capacité de chaque membre de la communauté à établir des règles, vers une exigence plus large : celle de prendre conscience des relations d'interdépendance qui lient les membres de la communauté entre eux, et de la responsabilité partagée de prendre soin de ces relations par des actes de dons et de contre-don. Ce faisant, ils reviennent à l'origine étymologique du mot communauté, cum-munus ; cum

188. Gosselin, S. et Gé Bartoli, *D. La condition terrestre : habiter la terre en communs*. Seuil, 2022

189. *ibid.*, p.145

signifiant "avec" et *munus*, "le don" : "*concevoir les relations terrestres en termes d'alliances passées via les dons et les contre-dons, c'est redonner à la com-munus, au faire commun, la confiance pour tenir dans la durée. C'est ritualiser notre condition terrestre.*"[190]

LA CONSTRUCTION DE SAVOIRS PARTAGÉS

Un autre élément participe à faire de la santé un véritable commun multi-spécifique : sa construction via des échanges de savoirs entre humains et non humains. Dans ses recherches, l'anthropologue Nicolas Lainé décrit ainsi la manière dont les personnes vivant au contact des éléphants apprennent de ces derniers, via une observation de leur consommation qui se traduit parfois par une intégration de certaines techniques dans leurs propres pratiques de santé, "*créant ainsi une sorte d'hybridation entre savoirs locaux, biomédecine et médecine moderne.*" Ainsi, selon lui, "*les animaux savent des choses, et (...) les populations locales l'ont bien compris*", ce qui nous invite plus largement à réapproprier ces savoirs constitués localement, hors des institutions légitimes, mais directement informées par une observation attentive

190. Lainé, N. et Morand, S. *Linking humans, their animals, and the environment again : a decolonized and morethan-human approach to "One Health"*, Parasite, 2020

des comportements des êtres habitant le territoire[191].

Selon Camille Besombes, cette reconnaissance des capacités des animaux à produire du savoir médical qui leur est propre souligne la nécessité du développement d'un rôle de "diplomate" chez les humains : "*des êtres cherchant à rendre visible ou à établir les ponts entre des communautés interdépendantes.*" Pour Lainé, c'est l'un des rôles de l'anthropologue : "*en tant qu'anthropologue, mon rôle est de réaliser un travail de médiation entre différentes rationalités et différentes visions du monde.*" Il précise toutefois qu'il ne s'agit pas ici d'idéaliser les savoirs non-modernes, mais d'admettre avec humilité que nous avons beaucoup à gagner à hybrider notre rapport au monde dominant avec d'autres formes de savoir : "*cela ne signifie pas nécessairement de mettre les savoirs locaux sur un piédestal, mais simplement de les considérer de façon équitable, décolonisée, pour produire et envisager (...) d'autres solutions.*"

191. *ibid.*, p.192

2.3. ... et propre à chaque territoire.

Pour Gosselin et Gé Bartoli, prendre conscience de ces relations de dépendance à l'égard des autres qu'humains nécessite de considérer ces derniers non pas comme des individus (un saumon, un arbre...) mais comme des compositions relationnelles: des tissus de relations, des perspectives enchevêtrées qui n'ont de sens que prises dans leur ensemble. Ainsi, le saumon n'existe qu'en tant qu'il est inclus dans l'écosystème complexe que constitue la rivière, tout comme l'arbre qui ne s'épanouit qu'entouré des êtres qui l'habitent, qu'il nourrit et qui lui permettent de vivre en retour (mammifères, insectes, champignons...). Autrement dit, *"prendre en compte les perspectives des autres qu'humains suppose de considérer les relations qui les constituent, c'est-à-dire là où elles se croisent avec d'autres perspectives."*[192]

Si un tel changement de perspective peut être réalisé à l'échelle d'un individu ou d'une espèce, il transforme également la façon dont nous pouvons concevoir un territoire. Ce dernier devient alors un tissu de compositions relationnelles qui permet d'entrevoir les comportements nécessaires au maintien de ces dernières. Adopter la perspective du jaguar sur la forêt nous amène à voir celle-ci non pas comme un simple regroupement d'arbres mais comme une composition de zones de chasse, de zones de croisement, de zones d'évitement; et nous invite à l'habiter

192. Gosselin, S. et Gé Bartoli, D. *op cit.*, p.157

d'une manière attentive et respectueuse (par exemple en observant des périodes de cohabitation alternée selon les périodes de l'année). De la même manière, adopter la perspective du saumon sur la rivière permet de prendre conscience de l'importance du maintien d'une continuité écologique entre l'amont et l'aval, et d'organiser en conséquence nos activités (limiter la construction de barrages, les détournements...). Enfin, adopter la perspective de la rivière révèle l'importance du maintien "*des échanges entre la terre et le ciel, (des) pluies, (de la) météorologie.*"[193]

Ces nouvelles perceptions nous invitent à habiter différemment les territoires, d'une manière qui tienne compte des conditions du maintien de leur habitabilité pour tous les êtres qui les constituent. C'est ainsi qu'il devient possible de prendre notre responsabilité dans l'entretien des relations qui forment une communauté de santé multispécifique : aux dons que constituent le fait de disposer d'une eau potable, d'un air pur, de la nourriture que constituent les plantes et animaux, des matières nécessaires à la conception de biens de première nécessité... il nous incombe de répondre par les contre-dons nécessaires au maintien des conditions de ces dons sur le long terme (respect des cycles naturels, restauration d'environnements dégradés, ...).

Désormais traduite en santé commune, multispécifique et territorialisée, l'approche One Health préfigure

193. *ibid.*, p.158

ainsi de nouvelles façons de gérer un territoire. En lieu et place des découpages administratifs actuels, les réalités topographiques, géographiques, écologiques et climatiques semblent devoir être privilégiées, dessinant ainsi de nouvelles biorégions. Au-delà d'un espace géographique, ces dernières constituent surtout ici un programme politique de cohabitation porté par des communautés désireuses de renouveler leur relations avec le vivant qui les entoure, et d'adopter des modes de vie compatibles avec le maintien des conditions d'habitabilité de l'ensemble des territoires par ce vivant[194]. Cet horizon n'est pas sans poser des questions pratiques, et supposera une réorganisation en profondeur de nos sociétés.

194. Rollot, M., *Face à la bataille de l'eau, l'hypothèse biorégionaliste*, Terrestres, 2023

3
Construire et habiter des territoires de santé partagée

Comment avancer concrètement vers la réalisation d'une telle vision de la santé ? Quels mots d'ordre devons-nous privilégier pour amorcer la réinvention de nos territoires ? Nous aborderons ici trois points clés qui sont autant de mots d'ordre pour celles et ceux qui sont en charge de les construire et de les habiter : la question concrète de la cohabitation entre l'humain et le non-humain (ou entre le domestique et le sauvage), la redirection de nos modes de production, et l'expérimentation de nouvelles institutions.

3.1. Concilier réensauvagement et cohabitation

Lorsque se pose la question de la cohabitation entre humains et autres qu'humains, deux tendances semblent, à première vue, s'opposer.

D'un côté, celle d'un rapprochement avec le vivant non-humain, qui serait nécessaire au renouement de relations de réciprocité et, en ce qui concerne la question des maladies infectieuses, au développement d'une immunité partagée. Une position notamment défendue par Frédéric Keck, qui affirme que "*c'est l'éloignement entre humains et animaux qui produit la perception du risque de zoonose*", tandis que "*dans les communautés qui vivent en proximité avec les animaux, il y a une forme de conscience de l'immunité partagée*". Serge Morand tient une position similaire, affirmant quant à lui "*qu'on peut recréer des liens entre les mondes humains et non-humains*", liens qui favorisent eux-même le lien social entre humains.

De l'autre, celle d'un éloignement sélectif entre les humains et le non-humain. Une vision par exemple défendue par le biologiste et naturaliste E.O. Wilson dans son livre *Half-Earth, Our Planet Fight for Life*[195], dans lequel il propose la sanctuarisation d'une moitié entière de la planète en vue de permettre son développement spontané, loin des activités humaines reléguées à l'autre moitié. De manière moins provocante, Gil Bartholeyns défend quant à lui une autre version d'une telle politique, en appelant à trouver de nouvelles façons de se développer chacun selon espèce, en "*restaurant des espaces de non-compagnie, en désoccupant les écosystèmes déjà disloqués*" et en "*redonnant un chez-soi à ceux qui l'ont déjà perdu.*"[196]

195. Wilson, O., *Half-Earth, Our Planet Fight for Life*, Liveright Publishing Corporation, 2016

196. Bartholeyns, G., *op. cit.*

Selon lui, "*le sens des actions à mener envers les non-humains se résume à ces mots: ensemble mais séparément.*"[197]

À y regarder de plus près, il semble que ce paradoxe apparent n'en soit pas vraiment un. En effet, selon Camille Besombes, la tâche réelle qui nous incombe n'est pas celle de choisir entre deux extrêmes, mais de trouver un juste milieu, une façon de cohabiter qui laisse dans le même temps au vivant des espaces pour se déployer spontanément hors de la pression des activités humaines, et favorise le renouement des relations de réciprocité nécessaires à la constitution d'une communauté de santé partagée: "*Il s'agirait dans un même mouvement de renforcer la conscience de nos interdépendances et de la porosité de nos mondes, tout en renforçant des barrières de respect et d'égards.*"[198] Thierry Lefrançois appelle lui aussi à un renouvellement des modalités de cohabitation entre espèces, qui tienne pleinement compte des risques sanitaires qu'un tel projet implique: "*la re-végétalisation des villes [est] un sujet d'avenir évident pour le bien être humain et le climat. Cependant, il s'agit de ne pas oublier d'avoir une vue systémique, car cette opération va faire venir de nouvelles espèces sauvages dans les villes (rongeurs, oiseaux mais aussi moustiques, insectes...). Il y a des effets positifs, mais aussi des effets négatifs, avec des nuisances. Ce n'est*

197. Bartholeyns, G., *Ensemble mais séparément*, lundimatin, 2020
198. Besombes, C. *op cit*

pas une raison pour ne pas le faire mais il faut se doter des cadres nécessaires pour traiter ces enjeux complexes".

On nomme réensauvagement l'ensemble des actions qui consistent à favoriser le déploiement spontané du vivant. De plus en plus présent en Europe depuis le début des années 2000, ce terme englobe des pratiques variées: réintroduction d'espèces, espaces laissés en "libre-évolution", création de forêts primaires... Comme l'explique Thierry Dudoit, directeur de recherche à l'IMBE[199], dans la revue Socialter[200], "*toutes [ces initiatives] ont en commun de ne pas fixer d'objectifs précis de sauvegarde d'espèces ou de paysages, contrairement à la conservation classique. Elles préfèrent laisser leur chance aux processus écologiques spontanés.*" En somme, dans les pratiques de réensauvagement, on ne cherche pas à reconstruire artificiellement des écosystèmes dégradés à la manière de bons gestionnaires, mais à mettre en place les conditions écologiques de base pour que le vivant puisse se redéployer spontanément. Comme le résume Camille Besombes: "*par « réensauvagement », on entend la sortie d'un rapport gestionnaire au vivant, et la restauration (...) des processus écologiques naturels et spontanés, laissant s'exprimer les potentialités du vivant (...) et laissant advenir des paysages sauvages*

199. Institut méditerranéen de biodiversité et d'écologie marine et continentale.

200. Jublin, M. *Le réensauvagement ou la décolonisation de la Terre*, Socialter, 2021

favorisant concrètement l'inversion du déclin de la biodiversité."

Pour Balaud et Chopot, l'entretien d'une santé multispécifique doit donc passer par "*la préservation d'écologies diversifiées et sauvages impliquées dans toute santé humaine*", et ce à toutes les échelles. Besombes conclut: "*Réapprendre le vivre avec se jouerait ainsi dans un double mouvement: vivre avec les pathogènes, et avec les prédateurs, dans la complexité et l'ambivalence des relations déployées au sein d'un même milieu.*"[201] Pour ce faire, un équilibre doit être trouvé entre le retrait de toute activité humaine des territoires protégés, qui correspondrait selon Thierry Dudoit à un "*[retour] à une nature fantasmée*"[202], et une présence humaine trop forte, qui empêche le déploiement spontané des processus écologiques. Une recherche d'équilibre dans laquelle la diminution drastique de notre influence sur certaines zones doit aller de pair avec une transformation profonde de nos manières de produire dans le reste des territoires.

3.2. Rediriger les systèmes de production

Comme nous l'avons vu précédemment, le système de production extractiviste et mondialisé aujourd'hui dominant est une source majeure de rupture des liens

201. *ibid.*

202. Jublin, M, *op cit.*

de réciprocité constitutifs des communautés de santé multispécifiques[203]. Mettre en œuvre des manières différentes de réaliser les productions nécessaires à notre subsistance, au premier rang desquelles l'alimentation, est donc un enjeu central.

Ainsi, pour Serge Morand, revoir de fond en comble notre système alimentaire est une priorité absolue dans l'atteinte d'une pleine santé en harmonie avec le reste du vivant. Selon lui, il est nécessaire de "*recréer un système local de production, [de] remettre l'agriculture au centre des territoires, en évitant les exportations pour des territoires lointains*", un objectif qui appelle par ailleurs à diminuer drastiquement la part des protéines animales consommées par rapport aux protéines végétales. Pour ce faire, il estime qu'il est nécessaire d'accompagner les agriculteur·ices, qui ne peuvent opérer cette transition seul·es, en raison des mécanismes économiques (notamment européens) qui contraignent leurs pratiques : "*Ils sont endettés jusqu'au cou. S'ils continuent* le *modèle, on continue à leur prêter, mais s'ils choisissent de changer, on leur demandera de tout rembourser.*" La refonte des territoires autour d'une agriculture paysanne est donc un enjeu politique de grande ampleur, qui appelle entre autres à une redirection radicale des subventions internationales, qui favorisent aujourd'hui les modèles industriels et

203. Guillibert, P. *Exploiter les vivants. Une écologie politique du travail*, Amsterdam, 2023

tournés vers l'export. C'est donc bien, selon lui, "*ce système mondial qu'il faut revoir.*"

Un constat partagé par Jocelyne Porcher, qui souligne par ailleurs que cette transition d'un modèle agricole à un modèle paysan relève moins de la difficulté technique à produire assez pour nourrir les populations que d'un enjeu de volonté politique : "*Ce dont nous avons besoin si nous souhaitons arrêter les systèmes industriels, c'est davantage d'anticipation de la part de nos politiques. Il faut soutenir massivement ces productions paysannes qui, techniquement, peuvent remplir les frigos et cabas des Français.*" Pour ce faire, elle appelle à l'aide à l'installation "*d'au moins un million de paysans sur le territoire*", avec une évolution en conséquence de l'enseignement agricole, qui doit "*cesser d'être au service de l'agriculture industrielle, pour au contraire soutenir les méthodes paysannes.*" Selon elle, cette transformation de grande ampleur est également porteuse d'une refonte radicale de notre rapport aux animaux de ferme avec lesquels nous devons entretenir de nouvelles relations.

Porcher prône ainsi un renouvellement des modes de production agricole non seulement pour des raisons de durabilité écologique, mais aussi en tant que manière de renouer des liens multispécifiques distendus par les systèmes industriels. Pascal Boireau témoigne à ce sujet des rapports passés entre éleveurs et animaux : "*Quand j'ai fait de la pratique rurale dans les années 1980, il y avait encore dans le Bourbonnais des éleveurs avec une quinzaine, une trentaine de vaches, et la relation de l'homme à l'animal était complètement différente de celle qu'il y a aujourd'hui.*" Pour Porcher, renouer les liens entre éleveurs et animaux passe également par une réciprocité dans la relation de subsistance qui s'étend au-delà des conditions de travail à proprement parler, vers un soin porté aux individus qui ne sont plus en capacité de produire. Il est ainsi possible, selon elle, "*d'envisager donner une espérance de vie plus longue aux animaux*", sous les modalités d'une retraite similaire à celle des humains. Des initiatives existent par ailleurs déjà en ce sens.

Au-delà des liens de réciprocité avec les animaux engagés dans des relations de travail au sein des élevages, c'est, pour Camille Besombes, l'ancrage de ces derniers dans les territoires qui doit également être repensé : "*il semble (...) fondamental de repenser le continuum et les potentielles relations entre les mondes agricoles et les mondes sauvages.*"[204] Elle appelle pour ce faire à allier les enseignements des pratiques de réensauvagement aux modèles agricoles paysans, par exemple via "*les pratiques plurispécifiques de plein air, (...) des formes de réensauvagement agricole, (...) une agriculture régénérative, la réattribution des rôles de grands mammifères herbivores sauvages (bisons, cervidés), le déplacement libre des animaux, le volontaire ré-enfrichement de certaines zones, la*

204. Besombes, C. *op cit.*

restauration d'étangs, etc."[205] En croisant les mondes de l'agriculture paysanne et des pratiques de réensauvagement, ce sont ainsi des manières d'habiter les territoires entièrement reconfigurées qui se dessinent ; des manières de subvenir aux besoins humains tout en entretenant les conditions d'épanouissement du reste du vivant.

205. *ibid.*

Extrait de
« **Penser le vivant** »
Vincianne Despret
Zoopolis 2040

Dans l'ouvrage collectif *Penser le vivant*[206], la philosophe Vinciane Despret imagine un monde dans lequel les villes sont le lieu d'une cohabitation renouvelée entre les humains et les animaux. La ville de Liège, en particulier, devient une "ville verte" suite à l'élection des écologistes, qui entendent contrer les effets de la "grande canicule" de l'été 2046.

"Et autour de Liège, que se passe-t-il ? Le monde agricole change-t-il aussi son rapport à la nature ?

Dans les années 2030, l'effondrement de la biodiversité devient une réalité palpable, et l'opinion bascule : elle veut en finir avec l'agriculture intensive. La bataille va être terrible. La région Wallonie coupe les subventions aux exploitations classiques, met en place un régime de taxes, installe des dispositifs d'accompagnement. Une loi votée en 2032 restreint les techniques d'insémination artificielle utilisées par la filière bovine.

---

206. Collectif, *Penser le vivant*, Les Liens qui Libèrent, 2021

Entre-temps, le soja, qui servait d'alimentation de base au bétail, a connu une brusque envolée des prix mondiaux en raison du réchauffement climatique. Pris à la gorge, une partie des agriculteurs revendent leurs terres à l'Etat, qui lance un programme de "communautés agricoles" jouissant de baux emphytéotiques. Pour y avoir accès, il faut respecter certaines conditions : s'installer à plusieurs, partager les usages de la terre, cultiver sans pesticides, faire cohabiter le maximum d'espèces végétales et animales. De nombreux maraîchages sont créés, les produits sont vendus en circuit court dans les agglomérations. La viande change de statut et devient un mets festif, exceptionnel."

"Est-ce que cela suffit à nourrir Liège ?

Je l'espère... Les agriculteurs découvrent que l'absence d'intervention est souvent la solution la plus efficace : quand un chou est attaqué par des parasites, on le laisse se faire dévorer, car pendant ce temps les autres choux grandissent et apprennent à se défendre. Les vaches sont dehors toute la journée et rentrent toutes seules se faire traire. Leur fumier sert d'engrais aux champs. Le principe directeur est que le vivant a la capacité de s'hybrider, de composer, de former un milieu. Attention, je ne suis pas en train de décrire un paradis : les rapports entre les vivants sont faits d'amour et de violence. Mais la mort elle-même change : l'abattage n'est plus confiné dans des abattoirs sordides, mais se fait à la ferme. Un mot va symboliser ce changement : “milieu”. Dans les conversations de tous les jours comme dans le langage administratif, il remplace “nature”, “environnement”, ces termes si mal taillés.”

“La notion de milieu inverse la perspective et place les humains comme des êtres vivants parmi les autres vivants, en relation avec eux, cohabitant avec eux, dans un système d’interdépendances. Des vers de terre qui labourent le sol, des plantes et des arbres qui y poussent, des champignons qui connectent les arbres entre eux, un oiseau qui transporte les graines d’un fruit, une abeille qui butine, un rat qui mange les détritus, un humain qui cultive, ou encore l’humus et l’eau : voilà tout ce qui compose un milieu.

Passer de la nature au milieu va être un long processus, toujours à renégocier. Mais en 2049, Liège est l’un des endroits où celui-ci est le plus avancé. Avec des effets très concrets sur les activités humaines. L’université a ouvert un Centre d’Étude des Milieux qui jouit d’un rayonnement international. (...) Dans les lycées et les écoles d’ingénieurs, des filières de formation agricoles seront créées, ainsi qu’une École d’Apprentissage des Modes de Cohabitation avec les Vivants. La ville retrouve un début de prospérité en devenant un pool d’expérimentation de ce nouveau rapport au vivant.”

"Changer le rapport à la nature, c'est aussi changer des lois…

Oui, et en particulier dans le droit de propriété. Une succession de lois ressuscite les communs, ce régime d'usage collectif des terres qui dominait dans l'Europe rurale jusqu'au XVIIIe siècle. Désormais, l'usage d'une terre primera sur la possession. (…) La notion de milieu est inscrite dans le droit, et on ne va plus en justice pour demander la protection d'une espèce en voie de disparition ou d'une rivière polluée par une usine, mais pour défendre les êtres animés et inanimés qui cohabitent sur le territoire. Un "tribunal des milieux" tranche les inévitables litiges entre les maraîchers et les sangliers, entre les moutons et les loups, entre les corbeaux freux qui envahiront un jardin délaissé et les voisins qui ne pourront plus suspendre leur linge."

"La Meuse, qui traverse Liège, aura-t-elle une place dans votre scénario ? Sera-t-elle dotée d'une personnalité juridique, comme c'est le cas depuis trois ans du fleuve Whanganui en Nouvelle-Zélande ?

La Meuse, en tant que milieu, deviendra un bien commun et obtiendra des droits juridiques en y associant les berges, les poissons, les bateaux, le transport du bois, les riverains. Grâce à une politique volontariste de dépollution, elle grouillera de poissons, et les habitants auront le droit d'en pêcher une certaine quantité, à l'image de certaines communes rurales de Belgique aujourd'hui, où chaque habitant peut prélever un certain nombre de stères de bois en forêt. Tout le monde n'ayant pas envie de pêcher, les droits pourront être cédés, et des petits commerces se mettront en place, mais un strict système de régulation évitera la concentration et l'industrialisation."

3.3. Expérimenter de nouvelles institutions

Réaménager ainsi nos territoires et nos modes de production doit nécessairement s'articuler avec un dernier mot d'ordre : l'invention de nouvelles institutions permettant de formellement intégrer les réciprocités que nous entretenons avec le vivant. Plusieurs axes d'expérimentation existent à ce jour.

Ainsi, ces dernières années, cette dynamique a souvent pris la forme de l'octroi de droits à des entités non-humaines (animaux, végétaux, écosystèmes...). C'est par exemple la proposition portée par Will Kymlicka et Sue Donaldson dans leur ouvrage *Zoopolis. Une théorie politique des droits des animaux*[207], où ils prônent l'attribution du statut de citoyenneté aux animaux. Selon Sophie Gosselin et David Gé Bartoli, ces propositions, bien qu'elles représentent une avancée majeure en termes de décloisonnement des frontières entre humains et autres qu'humains dans les institutions modernes,

207. Kymlicka, W. et Donaldson, S., *Zoopolis, Une théorie politique des droits des animaux, Presses Universitaires* d'Oxford, 2011

n'opèrent cependant pas de rupture radicale dans le fonctionnement de celles-ci[208]. En effet, en étendant ainsi leur cadre d'application à de nouvelles entités, elles ne feraient qu'imposer à ces dernières une conception individualiste et propriétaire du sujet de droit, qui ne permet pas de considérer celui-ci dans ses relations de réciprocité avec le reste du vivant.

À l'inverse, certaines expérimentations ont fait date en parvenant à dépasser la seule souveraineté du droit moderne, pour l'hybrider avec des formes de souverainetés issue de cosmologies non-modernes, et non-naturalistes. C'est par exemple le cas de l'attribution d'une personnalité juridique au fleuve Te Awa Tupua en Nouvelle-Zélande, désormais défini dans la loi comme "*un tout indivisible et vivant, comprenant la rivière Whanganui de ses montagnes jusqu'à la mer, incluant ses éléments physiques et métaphysiques.*"[209] Ici, le fleuve n'est pas réduit à une simple réalité géographique, mais défini dans la loi comme co-constitué par l'ensemble des relations de réciprocité qui unissent les communautés humaines et autres qu'humaines qui l'habitent. Ce faisant, les communautés Maoris ayant lutté pour faire advenir cette situation deviennent capables de s'exprimer légalement non pas pour le représenter, mais bien en

208. Gosselin, S. et Gé Bartoli, D. *op cit.*, p.35 (ebook)

209. Te Awa Tupua (Whanganui River Claims Settlement) Bill, Government Bill, Subpart 2, 12, p. 14

son nom, en tant que le fleuve lui-même s'exprimant à partir de sa "face humaine"[210]. Pour Gosselin et Gé Bartoli, cette hybridation des souverainetés "*remet en question les fondements anthropocentriques de la conception politique moderne*". Ce faisant, elle permet également d'instituer formellement l'importance du maintien des relations de réciprocité, de don et de contre-don, qui constituent la santé partagée des êtres formant le Te Awa Tupua.

Cette expérimentation, pour inspirante qu'elle soit, pose cependant question quant à sa transposabilité dans des contextes où les cosmologies non-naturalistes sont bien moins implantées qu'en Nouvelle-Zélande, qui jouit en ce sens de la présence de nombreuses communautés autochtones. Ainsi, pour Claire Lajaunie, tenter d'influencer le droit français en important des cosmologies qui ne sont pas les nôtres risque de se révéler très difficile, voire inefficace. Pour elle, une première étape plus opérante serait de faire évoluer le droit environnemental de sorte à le rendre plus contraignant qu'il ne l'est aujourd'hui : "*le droit de l'environnement, aujourd'hui, n'est pas assis sur des bases solides car il est rempli de principes non contraignants, comme le droit à un environnement sain, qui peuvent être interprétés de façon différente par les magistrats. Il s'agit donc (...) de se doter de bases juridiques plus solides que de simples déclarations*

210. Gosselin, S. et Gé Bartoli, D., op cit., p.40

pour permettre à la justice de pleinement se saisir de ces principes, notamment dans le cadre des décisions (nombreuses) relevant de conflits d'usages." Elle observe d'ailleurs des évolutions positives en ce sens : "*on voit que le Conseil d'Etat commence à prendre un certain nombre de décisions intéressantes qui osent gêner l'Etat ; ce qui révèle bien que la sensibilisation et la formation des magistrats de droit public sont un enjeu majeur.*"

> "Malgré un contexte institutionnel et politique peu propice aux transformations profondes auxquelles appelle la prise en compte de la santé en tant que commun multispécifique, des avancées notables dans la transformation de notre rapport au vivant semblent s'opérer au sein même de nos institutions modernes."

D'autres initiatives tentent de faire vaciller nos institutions de l'intérieur et de les forcer à intégrer nos relations de réciprocité avec le vivant. C'est par exemple le cas de la comptabilité écologique. En développement depuis plusieurs années, celle-ci a pour objectif de rendre compte de l'ensemble des dépendances des activités humaines à des entités et processus naturels, à rebours de la comptabilité dominante, qui permet la génération de profit économique sans tenir compte de ces dépendances. Ce faisant, ce modèle rend possible la formulation d'une "dette écologique", dont le remboursement (assimilable à un "contre-don") devient la condition sine qua non à la continuité des activités dans le temps[211]. D'apparence technique, car reprenant les codes de la comptabilité classique, ce modèle est donc porteur d'une vision entièrement renouvelée des interactions entre les activités humaines et le reste du vivant. Applicable tant à l'échelle étatique qu'aux entreprises et organisations de toute forme, il ouvre en effet la voie à une prise en compte concrète des relations de réciprocités constitutives d'une santé commune multispécifique. La Coop des Communs mène par ailleurs des expérimentations visant à étudier les potentialités d'une application concrète de ce modèle à des situations réelles impliquant des communs[212], préfigurant de futures applications au cas spécifique de la santé.

Ainsi, des avancées notables dans la transformation de notre rapport au vivant semblent s'opérer au sein même de nos institutions modernes. En marge de ces dernières, certains collectifs vont même plus loin, en préfigurant de nouvelles cosmologies non-naturalistes depuis les luttes qui agitent les territoires de nos sociétés occidentales. C'est par exemple le cas de l'occupation des bocages de Notre-Dame-des-Landes, à partir de 1974, par des activistes opposés à un aéroport dont la construction menaçait le tissu social et écologique local. Comme le rapportent Gosselin et Gé Bartoli, au cours de l'occupation, l'enjeu s'est progressivement déplacé, depuis le maintien

211. Qu'est-ce que C.A.R.E. ?, cerces.org, 2024

212. Communs et comptabilité, coopdescommuns.org, 2024

d'un certain mode de vie (hors de la mondialisation marchande) vers la revendication d'une défense des relations multispécifiques qui se sont progressivement nouées entre les occupants et le vivant autre qu'humain habitant le lieu. Comme ils le résument : "*L'occupation des terres a ouvert l'expérience d'une habitation interspécifique commune*"[213], ouvrant ainsi la voie à de nouvelles manières d'habiter les territoires, préfigurant celles qui furent décrites dans cette partie.

213. Gosselin, S. et Gé Bartoli, D. *op cit.*, p.76

Conclusion

Dans cette partie, nous avons découvert que le rapport naturaliste et instrumental que les sociétés occidentales entretiennent vis-à-vis du vivant, et qui justifie son exploitation, n'est pas universel. En d'autres temps et en d'autres lieux, des sociétés humaines se sont organisées autour d'une prise en compte et du respect de la valeur intrinsèque des êtres et des choses qui les entourent. La perte de ce rapport au monde, et sa coïncidence avec le déploiement d'un système économique productiviste et industriel mortifère, ont eu des conséquences sanitaires désastreuses : en exploitant sans relâche les milieux naturels et les êtres qui les peuplent dans une optique de profit économique, les personnes à la manœuvre de ces transformations ont rompu les liens de réciprocité qui faisaient la solidité et la résilience des communautés biotiques[214], rupture dont le témoin principal est une dégradation générale de la santé des êtres qui les composent.

214. Concept inventé par le philosophe et garde forestier américain Aldo Leopold, et qui désigne l'ensemble des êtres vivants et non-vivants qui vivent en interdépendance dans une même région.

Mais ce processus n'est pas irréversible. Partout s'organisent des résistances, des changements de perspective, des alternatives qui préfigurent le passage d'un paradigme de l'exploitation et de l'accumulation, à un paradigme du partage et de la réciprocité. Dans ce mouvement, la santé n'est plus un diagnostic passif, le constat de l'état d'un organisme à un instant T, mais une action de perpétuation de la vie, une attention et une pratique quotidienne qui permet d'entretenir les liens qui trament le vivant ; *elle devient soin.* Cette évolution est porteuse d'une nouvelle manière d'être au monde, d'une nouvelle éthique dont découle une manière radicalement différente d'habiter les territoires : en laissant au vivant l'espace et le temps nécessaires à son épanouissement hors des activités humaines ; en retrouvant des modalités de cohabitation respectueuses des besoins de contact comme d'isolement de chaque espèce ; et en ancrant la production de nos moyens de subsistance dans les cycles de régénération du vivant.

Cette nouvelle manière d'habiter les territoires permet d'ancrer la santé dans une réalité terrestre, locale et quotidienne – en somme, de la considérer comme un commun – et appelle les humains à reprendre enfin leurs responsabilités en tant que membres d'une communauté multispécifique.

Résumé

En quelques questions candides

Cosmologie, capitalisme: pourquoi utiliser ces grands mots?

- Dans la deuxième partie, nous avions certes déjà ajouté un contexte écologique et social aux pratiques de santé, mais sans tenter de retrouver les racines profondes de ce contexte, et donc sans identifier les véritables leviers à actionner si nous souhaitons être en meilleure santé globale.
- Or, la façon dont on conçoit le vivant, et la nature de nos modèles productifs semblent bien être ultimement responsables de cette situation. Ce sont donc bien ces structures qu'il faut renverser.

Dans ce cadre, quel nouvel horizon pour notre approche One Health?

- D'abord décloisonnée, puis planétaire, l'approche One Health permet ici de dessiner une véritable santé commune, partagée avec les autres êtres vivants.

- Plus concrètement, la santé devient un état de bien-être collectif que chaque membre (humain et non-humain) d'une même communauté de santé a la responsabilité d'entretenir.
- Sur les territoires, cela nécessite d'identifier les relations de réciprocité qui lient entre eux les membres de la communauté.
- Par exemple, en l'échange de ce que nous fournit la communauté de santé (de l'air pur, de la nourriture, un sentiment de bien-être), nous devons mettre en place les conditions qui lui permettent de s'épanouir et de perdurer (réensauvagement et restauration des milieux, bien-être animal, respect des cycles naturels…).

On commence par où ?

- Trois premiers axes pourraient permettre d'agir en profondeur pour que cette vision s'épanouisse : des nouvelles cohabitations avec le vivant (via notamment la pratique du réensauvagement), une redirection des modèles productifs (avec la fin de l'agro-industrie) et l'invention de nouvelles institutions qui intègrent les perspectives non-humaines.

Conclusion générale

Au cours de cette étude, nous avons donc exploré trois visions One Health, et ce faisant, trois *mondes* distincts, chacun peuplé de nouvelles pratiques de santé, et plus globalement de nouvelles relations entre humains et non-humains.

Dans la première partie, la vision d'une santé décloisonnée a pris la forme d'un monde axé autour de la collaboration renforcée des trois santés, afin de mieux comprendre et maîtriser les paramètres environnementaux de l'émergence des maladies, notamment infectieuses, qui menacent chaque jour davantage la santé publique mondiale.

Dans la deuxième, la vision d'une santé planétaire nous a permis d'aller un cran plus loin. D'une part en dessinant une santé transformée en profondeur par une définition élargie au bien-être (physique, mental et social). D'autre part, en politisant la santé et en en faisant un vecteur de transformation socio-écologique de nos sociétés.

Enfin, dans la dernière partie, les interdépendances entre humains, animaux et milieux naturels sont devenues encore plus tangibles au sein d'une santé globale devenue une santé commune, c'est-à-dire pleinement partagée. L'approche One Health revêt alors un caractère beaucoup plus radical, remettant en question nos modèles productivistes et notre cosmologie naturaliste, et ouvrant la voie à des territoires réorganisés autour de l'entretien des relations de réciprocité qui trament le vivant.

De fait, ce cheminement est une invitation à déployer les potentialités d'un mot d'ordre One Health encore trop réservé.

Pour les praticien·nes de la santé, les agents territoriaux ou plus largement les acteurs économiques, les principes révélés recèlent ainsi les clés d'une transformation radicale de votre rôle dans le mouvement vers un monde en meilleure santé. Distillés tout au long de cette étude, ces leviers ont été regroupés dans une première série de guides de mise en application, à retrouver sur le site de l'étude www.ooonehealth.fr.

Pour les citoyen·nes, les impacts de ces visions élargies de One Health ne sont pas moins vertigineux. Elles invitent en effet chacun·e d'entre nous à devenir acteur d'une santé collective, au sein des milieux que nous habitons. En faisant le lien entre notre santé et celle du vivant qui nous entoure, en devenant des enquêteurs du quotidien (à l'instar des participant·es au programme Attention au Vivant !), et en interpellant les acteurs politiques et économiques près de chez nous, nous avons la possibilité (et la responsabilité) de faire de cette santé commune l'enjeu clé des décennies à venir – et par la même d'offrir un nouveau relais à certaines luttes écologiques.

Car s'il est une leçon à tirer de cette étude, c'est que la santé et l'écologie sont les deux faces du même enjeu. Ainsi et à l'heure où l'écologie fait parfois l'objet d'un cadrage politique singulier (la rendant nécessairement "punitive"), la santé pourrait devenir un mot de ralliement réconciliateur pour celles et ceux qui souhaitent aménager des sociétés humaines justes et protectrices du vivant. En la brandissant comme un commun devant être préservé à l'aide d'actions préventives sur les milieux naturels, notre santé peut ainsi devenir le nouvel étendard pour exiger de rediriger nos économies, de renoncer à des projets écocides ou de réaménager nos territoires. Ensemble, militants, associations, et organisations engagées, nous avons la responsabilité de porter cette convergence des enjeux de santé et d'écologie. C'est sans doute au prix de ce renouveau qu'ils pourront (re)trouver la place centrale qu'ils méritent.

Bibliographie

Ouvrages (par ordre alphabétique)

Balaud, L. et Chopot, A., *Nous ne sommes pas seuls : Politique des soulèvements terrestres*, Seuil, 2021

Bartholeyns, G., *Le Hantement du monde, zoonoses et Pathocène*, Editions Dehors, 2021

Carson, R., *Printemps Silencieux*, Wildproject, 2020

Collart-Dutilleul, F., Negrutiu, I. et Hamant, O., Manifeste pour une Santé Commune : Trois santés en interdépendance : naturelle, sociale, humaine. Paris : Utopia

Collectif, *Penser le vivant*, Les Liens qui Libèrent, 2021

Coriat, B. et al, *Les communs de proximité : Origines, caractérisation, perspectives*, Science et bien commun, 2024

Descola, P. *Les Lances du Crépuscule*, Terre Humaine, 1993

Descola, P. *Par delà nature et culture*, Gallimard, 2005

Julien, E., *Kogis : le chemin des pierres qui parlent*, Actes Sud, 2022

Gardon, S. et al, *Sortir des crises : One Health en pratiques*, Quae, 2022

Gosselin, S. et Gé Bartoli, D. *La condition terrestre : habiter la terre en communs.* Seuil, 2022

Guillibert, P. *Exploiter les vivants. Une écologie politique du travail*, Amsterdam, 2023

Kymlicka, W. et Donaldson, S., *Zoopolis, Une théorie politique des droits des animaux*, Presses Universitaires d'Oxford, 2011

Laurent, E. *Et si la santé guidait le monde ?*, Les Liens qui Libèrent, 2020

Malm, A., *La chauve-souris et le capital*, La Fabrique, 2020

Maris, V., *La part sauvage du monde*, Seuil, 2018

Moore, J. et Patel, R., *Comment notre monde est devenu cheap. Une histoire inquiète de l'humanité*, Paris, Flammarion, 2018

Morand, S. *L'homme, la faune sauvage et la peste.* Fayard, 2020

Popoff, M., *Perturbateurs endocriniens, On arrête tout et on réfléchit !* Rue de l'échiquier, 2023

Robin, M., *Notre poison quotidien*, La Découverte, 2011

Wilson, O., *Half-Earth, Our Planet Fight for Life*, Liveright Publishing Corporation, 2016

Zinsstag, J. et al., *One health, une seule santé*, Quae, 2020

Articles académiques (par ordre alphabétique)

A.L. Parodi, *Le concept « One Health », une seule santé : réalité et perspectives*, Bulletin de l'Académie Nationale de Médecine, 2021

Allaire, G. *Les communs, de l'invisibilité à de nouveaux horizons*, in Ecologies, le vivant et le social, La Découverte, 2023

Ayral, F. *L'approche intégrée de la santé en pratique. Le cas de la leptospirose.* in : Sortir des crises, One Health en pratiques, Quae, 2022

Bresalier, M. et al. *Chapitre 1 – One Health dans l'histoire. in : One health, une seule santé*, Quae, 2020

Brunel, S. *Chapitre premier. La fin de l'idéologie du développement.* in : Le développement durable, Que Sais-je ?, 2018

Destoumieux-Garzón, D. et al., *The One Health Concept : 10 Years Old and a Long Road Ahead*, Frontiers in Veterinary Science, 2018

Gardon, S. *One Health saisi par les organisations internationales.* in : *Sortir des crises : One Health en pratiques*, Quae, 2022

Gardon, S. et De la Roque, S. *Les organisations internationales et le One Health*, in : Sortir de crises : One Health en pratiques, Quae, 2022

Giraudoux, P. et al, *One Health or 'One Health washing' ? An alternative to overcome now more than ever*, CABI One Health, 2022

Greenspoon et al., *The global biomass of wild mammals*, PNAS, 2023

Hardin, G., *The Tragedy of the Commons*, Science, 1968

Harpet, C. *One Health, un concept vieux comme le mythe !*, in *Sortir des crises : One Health en pratiques*, Quae, 2022

Hickman et al., *Climate anxiety in children and young people and their beliefs about government responses to climate change : a global survey.* The Lancet Planetary Health, 2021

Keck, F. *Santé animale et santé globale : la grippe aviaire en Asie*, Revue Tiers-Monde, 2013

Lainé, N. et Morand, S. *Linking humans, their animals, and the environment again : a decolonized and more-than-human approach to "One Health"*, Parasite, 2020

Larrère, C. *Les éthiques environnementales*, Nature Sciences Sociétés, 2010

Léchenne, M. et al, *Chapitre 16 – Lutte intégrée contre la rage. in* : *One health, une seule santé*, Quae, 2021

Liu, J. et al., Is there an association between hot weather and poor mental health outcomes? A systematic review and meta-analysis. Environment International, 2021Morand, S. et al, *De*

One Health à Ecohealth, cartographie du chantier inachevé de l'intégration des santés humaine, animale et environnementale, IDDRI, 2020

Nicolas, S. et al, *Santé et Environnement : Vers une nouvelle approche globale*, 2020

Romanello, M. et al, *The 2023 report of the Lancet Countdown on health and climate change : the imperative for a health-centred response in a world facing irreversible harms*, The Lancet, 2023

Staples, A. *The Birth of Development : How the World Bank, Food and Agriculture Organization, and World Health Organization Changed the World*, 1945–1965, Kent State University Press, 2006

Utria, E., *La viande heureuse et les cervelles miséricordieuses*, in Lucile Desblache (ed.), *Souffrances animales et traditions humaine. Rompre le silence*, Editions Universitaires de Dijon, 2014

Etudes et rapports (par année de parution)

Préambule à la Constitution de l'Organisation mondiale de la Santé, tel qu'adopté par la Conférence internationale sur la Santé, New York, 19 juin – 22 juillet 1946

FAO, L'élevage et la sécurité alimentaire mondiale, 2011

International Livestock Institute, Mapping of poverty and likely zoonoses hotspots, 2012

Whitmee, S. et al, *Safeguarding human health in the Anthropocene epoch*, The Lancet, 2015

La santé dans toutes les politiques : le défi de l'intersectorialité, Fédération Nationale d'Éducation et de Promotion de la Santé, 2017

OMS, Ce qu'il faut savoir au sujet de la santé dans toutes les politiques, 2017

Inra, Evaluation des services écosystémiques rendus par les écosystèmes agricoles, 2017

Efese, Les écosystèmes urbains, 2018a

Efese, Les écosystèmes forestiers, 2018b

Efese, Les écosystèmes rocheux et de haute-montagne, 2018c

Efese, Les écosystèmes marins et côtiers, 2018d

Efese, Les milieux humides et aquatiques continentaux, 2018e

Milken Institute, *Giving smarter in the age of Covid-19 : A turning point for planetary health*, 2020

Ademe, Le coût social du bruit en France, 2021

La nécessaire prise en compte des co-bénéfices dans l'évaluation des politiques climatiques, Ministère de la Transition Ecologique, 2021

One Health – Une seule santé. Santé humaine, animale, environnement : les leçons de la crise.

Conseil scientifique COVID-19, 2022

Construire la sécurité sociale écologique du 21ème siècle, Sénat, 2022

36 actions à mettre en place pour une politique française ambitieuse "Une seule santé", FNSEA, 2023

Oxfam, *Égalité climatique : une planète pour les 99%.* Résumé Exécutif., 2023

Observatoire des inégalités, Rapport sur les Inégalités en France, 2023

IPCC, *Summary for Policymakers*. In: Climate Change 2023: Synthesis Report. Contribution of Working Groups I, II and III to the Sixth Assessment Report of the Intergovernmental Panel on Climate Change, 2023

FAO, PNUE, OMS, OMSA, *Plan d'action conjoint "Une seule santé"* (2022-2026), 2023

Presse, sites et revues en ligne (par année de parution)

Stratégie mondiale OMS pour la maîtrise de la résistance aux antimicrobiens, OMS 2001

Philippe Descola, *une anthropologie de la figuration*, Artpress, 2007

Ministère de la Santé du Québec, *La santé et ses déterminants*, 2011

Moore, J., *Putting Nature to Work. Anthropocene, Capitalocene, & The Challenge of World-ecology*, 2015

Reporterre, *Le fléau des algues vertes empoisonne toujours la Bretagne, 2016*

FAO, La situation mondiale des pêches et de l'aquaculture. Contribuer à la sécurité alimentaire et à la nutrition de tous, 2016

Wallace-Wells, D. *The Uninhabitable Earth*, New York Magazine, 2017

Rayonnement ultraviolet (UV) et cancer de la peau, OMS, 2017

Résistance aux antibiotiques : un phénomène massif et préoccupant, Inserm, 2018

La France a abattu un millier de visons porteurs de la COVID-19, National Geographic, 2019

Madelin, P., *Vivre avec les animaux : une proposition politique*, Terrestres, 2019

FAO, Protéger les plantes, protéger la vie, 2020XW

Bartholeyns, G., *Ensemble mais séparément*, lundimatin, 2020

Porcher, J. *En Chine et en France, les élevages industriels de porcs sont une source de pandémies*, Reporterre, 2020

Leclair, L., *Peste porcine, grippe aviaire… L'élevage industriel, source d'explosions épidémiques*, 2020

Résistance aux antimicrobiens, OMS, 2021

IPBES, Le déclin massif de la biodiversité (en 8 enjeux clés), 2021

Santé Publique France, *Pollution de l'air ambiant : nouvelles estimations de son impact sur la santé des Français, 2021*

Des dirigeants mondiaux et des experts appellent à une réduction significative de l'utilisation des médicaments antimicrobiens dans les systèmes alimentaires mondiaux, OMS, 2021

Bartholeyns, G., *Élevage industriel et pandémies : bienvenue dans le « pathocène »*, Reporterre, 2021

Émergence de maladies zoonotiques et déforestation : un cercle vicieux renforcé par les impacts de la Covid-19, Cirad, 2021

Besombes, C. *Réensauvagements : vers une conception écologique et relationnelle de la santé. Terrestres*, 2021

Jublin, M. *Le réensauvagement ou la décolonisation de la Terre*, Socialter, 2021

Un réseau d'hameaux de santé veut lutter contre les déserts médicaux, La Relève et la Peste, 2022

Les zoonoses, quand les animaux contaminent les humains, ANSES, 2022

Inserm, *Les températures élevées ont un impact à court terme sur toutes les grandes causes de décès, y compris les décès par suicide*, 2022

Fortes chaleurs et canicule : un impact sur la mortalité important nécessitant le renforcement de la prévention et de l'adaptation au changement climatique, Santé Publique France, 2022

L'approche One Health / Une seule santé : des solutions concrètes pour prévenir l'émergence des zoonoses, Ministère de la Transition Écologique, 2022

Pollution de l'air ambiant (extérieur), OMS (2022)

Zoonoses : quels liens entre atteintes à la biodiversité et pandémies ?, notre-environnement, 2022

OMSA, Une seule santé, 2023

Pollution de l'air : 8000 décès par an pourraient être évités en Ile-de-France, Le Monde, 2023 Biodiversité dégradée, mauvaise santé assurée, OFB, 2023

Changement climatique, OMS, 2023

Rollot, M., *Face à la bataille de l'eau, l'hypothèse biorégionaliste*, Terrestres, 2023

David, P.M. et Le Dévédec, N. *Santé Planétaire, santé extraterrestre ?* Terrestres, 2023

Un aperçu de la lutte intégrée contre la rage, University of Basel, 2023

Faure, Y. et Reinert, M., *Pandémies : la responsabilité de l'élevage intensif passée sous silence*, Reporterre, 2023

Danone assigné en justice par des ONG pour pollution au plastique, Le Journal de Saône et Loire, 202

Ministère de la Santé, Une seule santé : l'antibiorésistance concerne les hommes mais aussi les animaux et l'environnement, 2023

Ministère de la Santé, *L'antibiorésistance : pourquoi est-ce si grave ?*, 2024

Ministère de la Santé, *Une seule santé : l'antibiorésistance concerne les hommes mais aussi les animaux et l'environnement*, 2023

Rage : le Cirad et les Instituts Pasteur, une alliance One Health visant l'objectif « Zero by 30 », Cirad, 2023

Quesne, A. *L'antibiorésistance et le concept « One Health »*, Hypothèses, 2023

Le plan national santé environnement (PNSE), Ministère de la Transition Écologique, 2023

L'approche One Health pour prévenir le risque d'épidémie de grippe aviaire, Cirad, 2023 *planétaire, intégrative et communautaire*, Concours Pluripro, 2023

« Les Hameaux de santé », une nouvelle approche en construction qui englobe la santé planétaire, intégrative et communautaire, Concours Pluripro, 2023

Le glyphosate autorisé pour dix années supplémentaires dans l'UE par la Commission européenne, Le Monde, 2023

Santé Publique France, Fortes chaleurs et canicule : un impact sur la mortalité important nécessitant le renforcement de la prévention et de l'adaptation au changement climatique, 2023

Influenza aviaire : la situation en France, Ministère de l'Agriculture, 2024

Élevage intensif : plus de 8 animaux sur 10 en France, L214, 2024

Des ONG et victimes du changement climatique mettent les administrateurs et actionnaires de TotalEnergies face à la justice pénale, Bloom, 2024

•Réseau des centres de santé communautaire, *Mobilisation dans les soins primaires*, Pratiques, 2024

Déserts médicaux : toujours moins de médecins généralistes, La Gazette des Communes, 2024

Colère des agriculteurs : l'écologie, bouc-émissaire ou bouclier à la crise, Novethic, 2024

Le gouvernement minimise l'effet de ses coupes budgétaires, Alternatives Economiques, 2024

Qu'est-ce que C.A.R.E. ?, cerces.org, 2024
Communs et comptabilité, coopdescommuns.org, 2024

Audio et vidéo

Hameaux de santé – avec Jesse Robert, The Octopus'h, 2022
Comment l'agrochimie a tué les insectes, Arte, 2023
Animaux, environnement et humains : une seule santé. Camille Besombes, Youtube.com, 2023
Le néo-carnisme de Jocelyne Porcher – Axelle Playoust-Braure, Comme un poisson dans l'eau, Youtube.com, 2023

Lexique

Anthropocène : terme proposé par les scientifiques Eugene Stoermer et Paul Crutzen pour désigner une nouvelle période géologique, caractérisée par l'avènement des activités humaines comme force de déstabilisation majeure du système Terre.

Anthropocentré / anthropocentrisme : conception philosophique qui appréhende la réalité à travers le prisme de la seule subjectivité humaine, reléguant le reste du monde naturel au statut d'objets.

Antibiorésistance : capacité d'une bactérie à résister à l'action d'un antibiotique.

Approches transversales de la recherche

Multi-disciplinarité : appréhension d'un objet d'étude par la mobilisation de plusieurs disciplines en parallèle, suivie d'une confrontation des conclusions.

Interdisciplinarité : appréhension d'un objet d'étude par l'intégration, à toutes les étapes de la recherche, de méthodes issues de disciplines multiples.

Transdisciplinarité : posture scientifique, épistémologique et intellectuelle qui vise à s'affranchir de tout cloisonnement disciplinaire pour appréhender un objet d'étude dans sa pleine complexité.

Tripartite / quadripartite : alliance de la FAO, de l'OMS, de l'OMSA et, dans le cas de la quadripartite, du PNUE

Biosécurité : ensemble des mesures préventives et réglementaires (de surveillance, de précaution et de contrôle) visant à réduire les risques de diffusion et transmission de maladies infectieuses.

Communauté biotique : concept inventé par le philosophe et garde forestier américain Aldo Leopold, et qui désigne l'ensemble des êtres vivants et non-vivants qui vivent en interdépendance dans une même région.

Cosmologie : théorie élaborée par une société donnée sur la nature de l'univers, ses origines et les êtres qui le peuplent.

Effet dilution : phénomène selon lequel un agent pathogène a moins de chance d'infecter un hôte sensible s'il évolue dans un milieu où la biodiversité est riche.

Éthiques environnementales

Anthropocentrisme : éthique considérant l'humain comme l'entité centrale la plus significative de l'univers. La catégorie de sujet y est réservée aux seuls humains, le reste étant relégué au rang d'objet.

Biocentrisme : éthique attribuant une valeur intrinsèque à chaque être vivant.

Pathocentrisme : éthique attribuant une valeur intrinsèque à chaque être capable de ressentir la douleur (sentient)

Écocentrisme : éthique centrée sur la préservation des interdépendances entre les entités animées et inanimées qui composent un écosystème. Le système dans son entier, plutôt que ses parties individuelles (comme dans l'éthique biocentrique), y est investi d'une valeur intrinsèque.

Effet dilution : phénomène selon lequel un agent pathogène a moins de chance d'infecter un hôte sensible s'il évolue dans un milieu où la biodiversité est riche.

Multispécifique : multi-espèces, concernant plusieurs espèces.

Ontologie : manière d'appréhender le réel, et notamment les relations entre l'humain et le non-humain.

Socio-écosystème : systèmes complexes impliquant des composantes biophysiques (écologie, hydrologie, etc.) et des composantes sociétales (économie, politiques publiques, institutions, etc.) en interaction constante.

Zoonose : maladie infectieuse pouvant se transmettre de l'animal à l'humain, et inversement.

Les approches de santé

Santé publique : ensemble des efforts déployés par des institutions publiques dans l'optique d'améliorer et promouvoir la santé des populations.

Promotion de la santé : approche en santé publique basée sur un renforcement des capacités des individus, dans une optique d'amélioration de leur situation sociale, environnementale et économique.

One Health / une seule santé : approche intégrée, systémique et unifiée des santés publique, animale et environnementale, aux échelles locales, nationales et planétaire.

Santé planétaire : approche centrée sur les liens entre les modifications des écosystèmes dues aux activités humaines et leurs conséquences sur la santé du vivant et des écosystèmes.

Santé globale : approche de santé introduite par l'OMS en 1971, et qui correspond à la prise de conscience, par les représentants de la médecine humaine, de l'importance de phénomènes globaux (comme le changement climatique et les échanges intercontinentaux) pour la santé des individus.

Santé terrestre : néologisme soulignant la nécessité d'ancrer les pratiques de santé publique dans une réalité territoriale, en tenant compte des relations de réciprocité qui lient entre eux les membres d'une même communauté biotique.

Ecologie de la santé : approche qui étudie les paramètres écosystémiques de transmission des maladies, dans leur dimension évolutive.

Santé communautaire : approche basée sur le déploiement des capacités des communautés à agir sur leur propre santé.

Santé intégrative : à ne pas confondre avec l'approche intégrée, la santé intégrative est une approche qui prône l'utilisation conjointe des pratiques de médecine conventionnelles et alternatives.

Santé intégrée : dans la définition officielle de l'approche One Health, le terme "intégrée" fait référence à la prise en compte des santés des animaux et des écosystèmes, au-delà de la seule santé humaine.

Santé holistique : désigne généralement les approches prenant en compte l'ensemble des dimensions biologiques, économiques, sociales et environnementales de la santé. Peut aussi faire référence à un type de médecine non-conventionnelle qui considère l'être humain dans sa globalité physique, émotionnelle, mentale et spirituelle.

Répertoire

Acker Dominique : Présidente du haut conseil des professions paramédicales

Algrain Stacy : Journaliste conférencière et co-fondatrice de l'agence de redirection écologique La Corneille

Allaire Gilles : Économiste à l'INRAE

Alix Nicole : Présidente de l'association la Coop des Communs

Angot Jean-Luc : Docteur vétérinaire, inspecteur général de santé publique vétérinaire, président honoraire de l'Académie Vétérinaire de France

Balaud Lena : Chercheuse en philosophie et autrice de *Nous ne sommes pas seuls*

Bartholeyns Gil : Historien et anthropologue, écrivain et auteur de *Le hantement du monde zoonoses et pathocène*

Blaes Benoit : Médecin généraliste et cofondateur du Jardin de Bron, Centre de Santé Communautaire et Planétaire

Besombes Camille : Médecin spécialiste en maladies infectieuses et tropicales et docteure en épidémiologie et santé publique à l'Institut Pasteur de Paris

Bergamaschi Yann : Fondateur de la fabrique des santés (*collectif informel qui facilite les coopérations ouvertes et l'émergence de communs dans le domaine de la santé et du soin*)

Boireau Pascal : Directeur du laboratoire de santé animale à l'ANSES, chercheur spécialisé en épidémiologie des maladies animales

Boquet Karine : Docteure vétérinaire et directrice générale adjointe d'AgroParisTech

Chopot Antoine : Chercheur en philosophie et auteur de *Nous ne sommes pas seuls*

Chouteau Marianne : Maître de conférences à l'INSA Lyon, directrice de l'Unité de Recherche Sciences, Société, Historicité, Éducation et Pratiques (S2 HEP) à l'université Claude Bernard Lyon

Claverie de Saint Martin Elisabeth : Présidente directrice du Cirad (*centre de coopération internationale en recherche agronomique pour le développement*)

Crozet Clément : Écologue et urbaniste, co-fondateur de l'Architecture Santé, de l'association Santérritoire et de l'Alliance Santé Planétaire

De la Rocque Stéphane : Chargé de mission à l'OMSA (*Organisation Mondiale de la Santé Animale*)

Deligant Claire : Membre de l'association Imaginarium-s

Destoumieux-Garzon Delphine : Directrice de Recherche 1 CNRS spécialiste des interactions hôtes-pathogènes

Gardon Sébastien : Enseignant chercheur à VetAgro Sup

Gé Bartoli David : Auteur de *La Condition Terrestre*

Gerbeault Antoine : Chargé de mission Institut One Health et ingénieur AgroParisTech

Gérémie-Carlu Lauriane : Docteure en Bio-physique, Coordinatrice Tiers-Lieu Santé de Givors et présidente du Jardin de Bron, Centre de Santé Communautaire et Planétaire

Godde Mariam : Cheffe de projet à l'Institut One Health

Gosselin Sophie : Autrice de *La Condition Terrestre*

Harpet Claire : Anthropologue spécialiste des interactions humains-milieu

Harpet Cyrille : Professeur de l'EHESP, philosophe des sciences et anthropologue

Jourdain Bernard : Chargé de développement durable au centre hospitalier de Niort

Julien Éric : Géographe et cofondateur de l'ONG Tchenduka

Keck Frédéric : Anthropologue spécialisé sur les crises sanitaires et les risques alimentaires liés aux maladies animales

Lainé Nicolas : Ethnologue spécialisé sur les les relations homme-animal, la santé, et les savoirs locaux (ethno-vétérinaires) en Asie du Sud et du Sud-Est

Lajaunie Claire : Juriste de droit public, spécialiste en droit de l'environnement, et chercheuse au laboratoire population environnement développement (AMU-IRD) à Marseille

Laurent Éloi : Économiste, chercheur à l'Observatoire français des conjonctures économiques spécialiste des questions de santé et d'environnement

Léchenne Monique : Épidémiologiste vétérinaire et experte de l'approche One Health

Lefrançois Thierry : Spécialiste des réseaux et approches intégrées de la santé au Cirad, membre du conseil scientifique français sur la Covid-19

Le Naour Gwenola : Maîtresse de conférences en science politique habilitée à diriger des recherches à Sciences Po Lyon

Mollon Max : Enseignant à Science Po, chercheur et designer

Morand Serge : Écologue de la santé au CNRS, professeur invité à la faculté de médecine tropicale de l'université de Mahidol et membre du panel d'experts de Hauts niveau OneHealth nommé par l'ONU

Morizot Baptiste : Philosophe et maître de conférences à l'université d'Aix-Marseille, auteur de l'essai *Manières d'être vivant*

Narbonne Alban : Chef de projet du Plan Paris Santé Environnement

Nicolè Florence : Enseignante Chercheuse à l'université Jean Monnet, biologiste de la conservation

Nicoud Mélody : Architecte et co-fondatrice de l'Architecture Santé, de l'association Santérritoire et de l'Alliance Santé Planétaire

Osborne Wilson Edward : Biologiste et naturaliste et auteur de *Half-Earth, Our Planet Fight for Life*

Pacini Vincent : Professeur associé du CNAM sur le sujet de la prospective et du développement durable

Pares Nelly : Sociologue spécialisée sur la question des représentations de la Nature et de ses impacts sur les pratiques d'aménagement

Piarroux Renaud : Chef de service à la Pitié Salpêtrière (APHP), Spécialiste des épidémies, membre de l'Institut Pierre Louis d'épidémiologie et de santé publique rattaché à l'INSERM

Popoff Mélanie : Médecin et spécialiste de santé publique et environnementale co-fondatrice de l'Alliance Santé Planétaire, elle officie aujourd'hui en tant que médecin scolaire à Paris

Porcher Jocelyne : Sociologue spécialisée sur les relations de travail entre animaux et humains, directrice de Recherche à l'INRAE

Rivière Julie : Responsable du Master 2 "Épidémiologie et Surveillance des Maladies Infectieuses Humaines et Animales" de l'EnvA

Robert Alexandre : Infirmier de santé planétaire et cofondateur de l'association l'Alliance Santé Planétaire

Robert Jesse : Fondateur du village du Bel-Air (*éco-lieu de vie expérimentant l'équilibre individuel/collectif et la mutualisation d'espaces et de moyens*)

Slama Rémy : Directeur de recherche à l'INSERM

Tardy Clémence : Membre du Jardin de Bron

Varobieff Léonie : Consultante Santé-Ecologie « One Health », philosophe en éthique du soin et éthique environnementale, fondatrice One Health Expertise

Vayssier-Taussat Muriel : Microbiologiste, chercheuse au service de la santé humaine et animale, cheffe du département Santé Animale de l'INRAE. Elle est spécialiste de la question de la transmission d'agents pathogènes par les tiques.

Vidal Véra : Chargée d'intermédiation praticiens-chercheurs de la Coop des Communs

Composition couverture : Image Ligne
Composition et mise en pages : Soft Office
Achevé d'imprimer dans l'Union Européenne

Ce livre est imprimé sur papier certifié FSC (Forest Stewardship Council), système de certification cofondé par le WWF (Fonds Mondial pour la Nature) assurant une gestion forestière durable, écolabellisé ECF (Elemental Chlorine Free) garanti sans chlore.

Frémeaux & Associés est co-fondateur de Forêts et Campagnes d'Avenir ; Groupement Forestier et Rural Conservatoire et Expérimental de Protection du Vivant labellisant des actions écologiques : (Ceinture Mosaïque Verte, ORE Obligation réelle Environnementale pour favoriser la biodiversité, Edition de vulgarisation scientifique, Conversion biologique agro-viticole…) et propriétaire de bois, vergers et de forêts sanctuarisées. Forêts et Campagnes d'Avenir est un OSBL (Organisme sans But Lucratif)

FORÊTS ET CAMPAGNES D'AVENIR
Groupement Forestier et Rural Conservatoire et Expérimental de Protection du Vivant

Numéro d'impression : 12.2025
Achevé d'imprimer janvier 2026